蒙汉双语读物

草原上的绿色电能
——风光储

内蒙古电机工程学会 编

中国电力出版社
CHINA ELECTRIC POWER PRESS

图书在版编目（CIP）数据

草原上的绿色电能：风光储：蒙汉双语读物 / 内蒙古电机工程学会编. —北京：中国电力出版社，2017.11

ISBN 978-7-5198-1029-0

Ⅰ. ①草… Ⅱ. ①内… Ⅲ. ①风力发电－青少年读物－蒙古语（中国少数民族语言）、汉语②太阳能发电－青少年读物－蒙古语（中国少数民族语言）、汉语③储能－青少年读物－蒙古语（中国少数民族语言）、汉语 Ⅳ. ①TM614-49②TM615-49③TK02-49

中国版本图书馆CIP数据核字（2017）第184316号

出版发行：中国电力出版社
地　　址：北京市东城区北京站西街19号（邮政编码100005）
网　　址：http://www.cepp.sgcc.com.cn
责任编辑：宋红梅
责任校对：李　楠
装帧设计：张俊霞
责任印制：蔺义舟

印　刷：北京瑞禾彩色印刷有限公司
版　次：2017年11月第一版
印　次：2017年11月北京第一次印刷
开　本：710毫米×980毫米　16开本
印　张：5
字　数：46千字
印　数：0001—4000册
定　价：30.00元

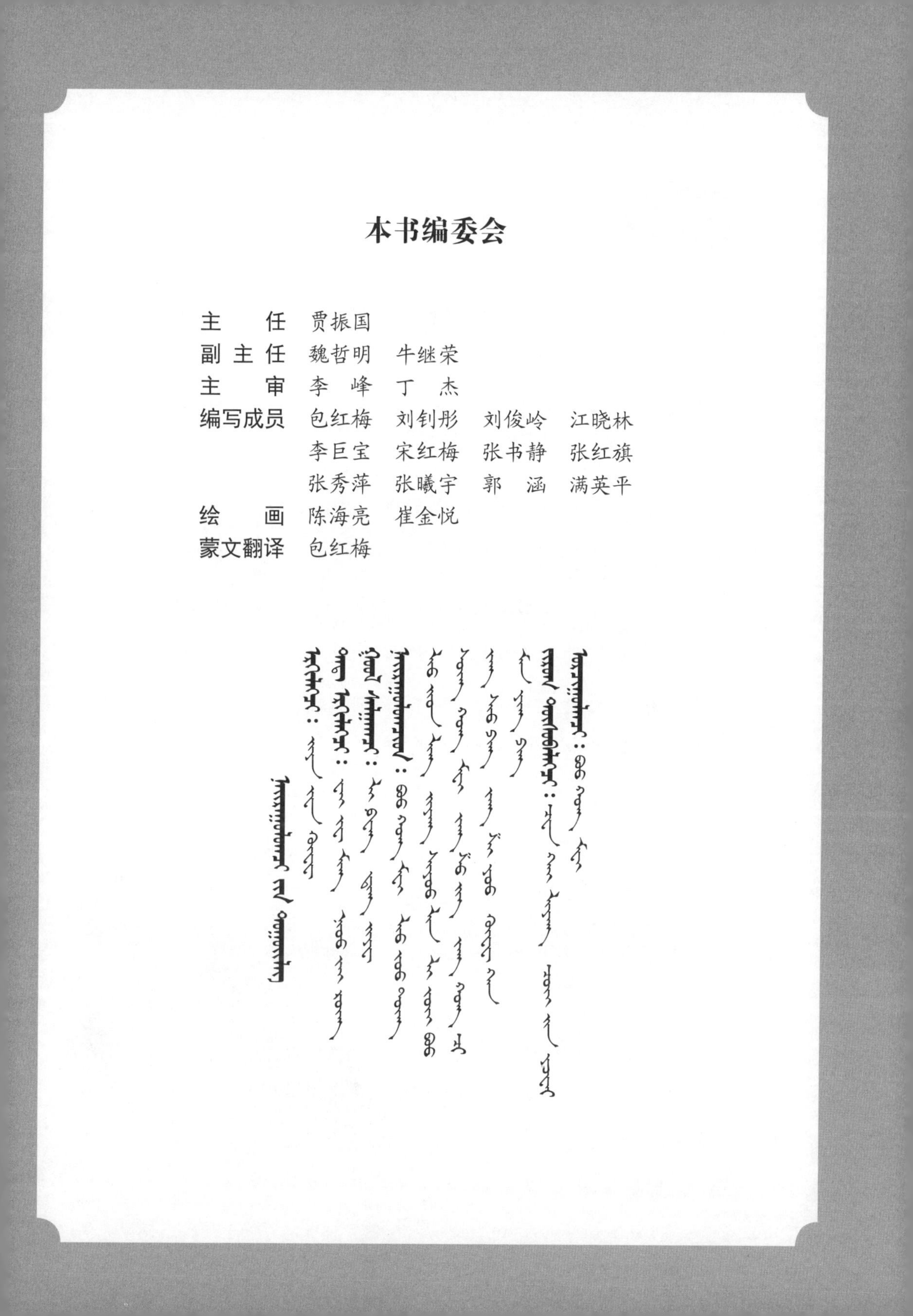

本书编委会

主　　任　贾振国

副 主 任　魏哲明　牛继荣

主　　审　李　峰　丁　杰

编写成员　包红梅　刘钊彤　刘俊岭　江晓林

　　　　　李巨宝　宋红梅　张书静　张红旗

　　　　　张秀萍　张曦宇　郭　涵　满英平

绘　　画　陈海亮　崔金悦

蒙文翻译　包红梅

序

在科学技术、科技创新飞跃发展的今天,科学普及与应用的规模和速度也正发生着日新月异变化。尤其是习近平总书记2016年在全国科技创新大会、两院院士大会、中国科协第九次全国代表大会上提出了“科技创新、科学普及是实现创新发展的两翼，要把科学普及放在与科技创新同等重要的位置”。习主席的讲话精神引导、推动了传播科学知识，倡导科学方法，弘扬科学精神，建设科学文化的时代潮流。科学普及已成为全社会特别是科技界的历史使命。

内蒙古电机工程学会拥有丰富的科技资源，包括电力行业的高水平人才队伍和科普基地。近年来，学会在科普宣传方面取得了显著的成绩。《草原上的绿色电能——风光储》蒙汉双语科普读物是学会奉献给社会和青少年的又一个科普出版物。

内蒙古自治区位于我国北部，光热、风能资源丰富。其年光照时数普遍在2700小时以上，年平均风速在3米/秒以上，加之草原地域广阔，是发展和利用太阳能、风能的巨大宝库。

《草原上的绿色电能——风光储》蒙汉双语科普读

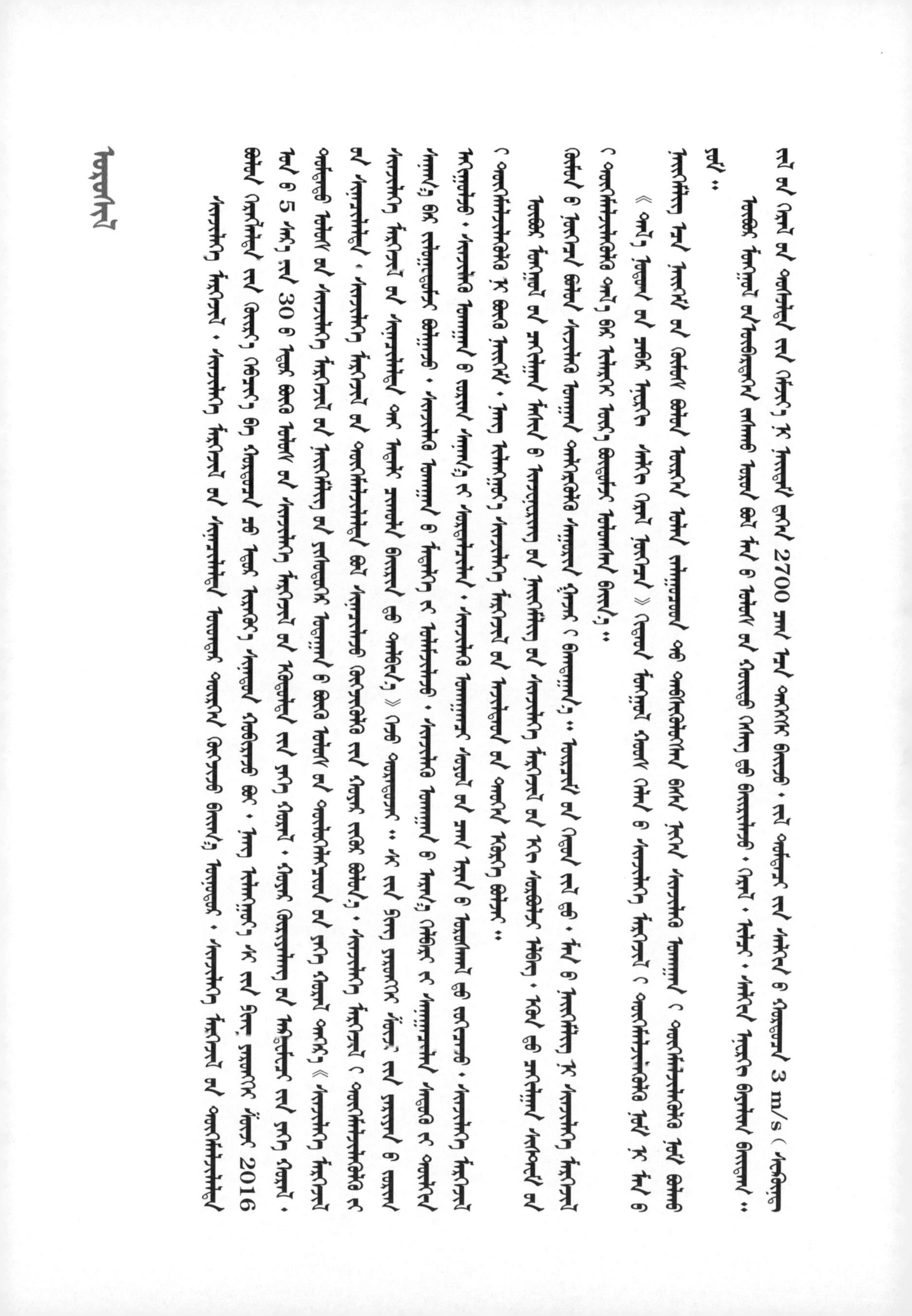

2700 … 3 m/s (…

… 5 … 30 … 2016 …

物，用设计精美的卡通形象和生动的故事情节，让小读者情不自禁地走进了书中，迫不及待地想要了解探索美丽的草原，以及草原上丰富的新能源宝藏。该书讲述了太阳能和风能作为清洁的可再生能源，在确保低碳、清洁、可持续发展的社会中所扮演的重要角色。为广大青少年尤其是牧区的学生打开一扇了解内蒙古能源宝藏和电力发展的窗口，同时，也让更多人了解新能源发电知识，懂得新能源的高效利用，以及储能的相关知识。

学会会员是电力科技工作者，也是电力科学技术知识的传播者，义不容辞地肩负着科学普及的使命与责任。期待学会充分利用技术和人才资源，加强科学普及，服务创新发展，为社会大众多做贡献；为开阔青少年的眼界，培养小朋友们学科学、爱科学的兴趣爱好，出版更多的优秀科普作品。

贾振国

2017年5月13日

[illegible] ᠪᠠᠢᠨ᠎ᠠ᠃

[illegible]

[illegible] ᠪᠠᠢᠨ᠎ᠠ᠃

[illegible]

[illegible] ᠪᠠᠢᠨ᠎ᠠ᠃

[illegible]

《[illegible]》 [illegible]

[illegible] 3 [illegible]

前言

今年是《中华人民共和国科学技术普及法》颁布实施15周年，15年来，全民科普意识不断增强。特别是去年习近平总书记在“科技三会”上的讲话：科技创新、科学普及是实现创新发展的两翼，要把科学普及放在与科技创新同等重要的位置。没有全民科学素质普遍提高，就难以建立起宏大的高素质创新大军，难以实现科技成果快速转化。同时，中国科协也启动了“贯彻落实《全民科学素质行动计划纲要实施方案》，全力打造科普阅读盛宴”等一系列主题宣传活动。

在科技创新与科学普及协同发展的形势下，内蒙古电机工程学会以提高全民科学素质为己任，以真诚服务青少年为重点，从2013年起，先后整合利用内蒙古电力系统人力、物力资源,建立了两个中国电机工程学会的电力科普基地，借此向公众普及电力科学知识。同时，内蒙古电机工程学会积极尝试科普图书的出版，2015年与中国电机工程学会联合出版的《风吹电来》蒙汉双语科普图书，受到牧区广大青少年的青睐，也激发了学会开展科普读物创作的热情，学会工作人员于是再接再厉，向读者呈现了这本《草原上的绿色电能——风光

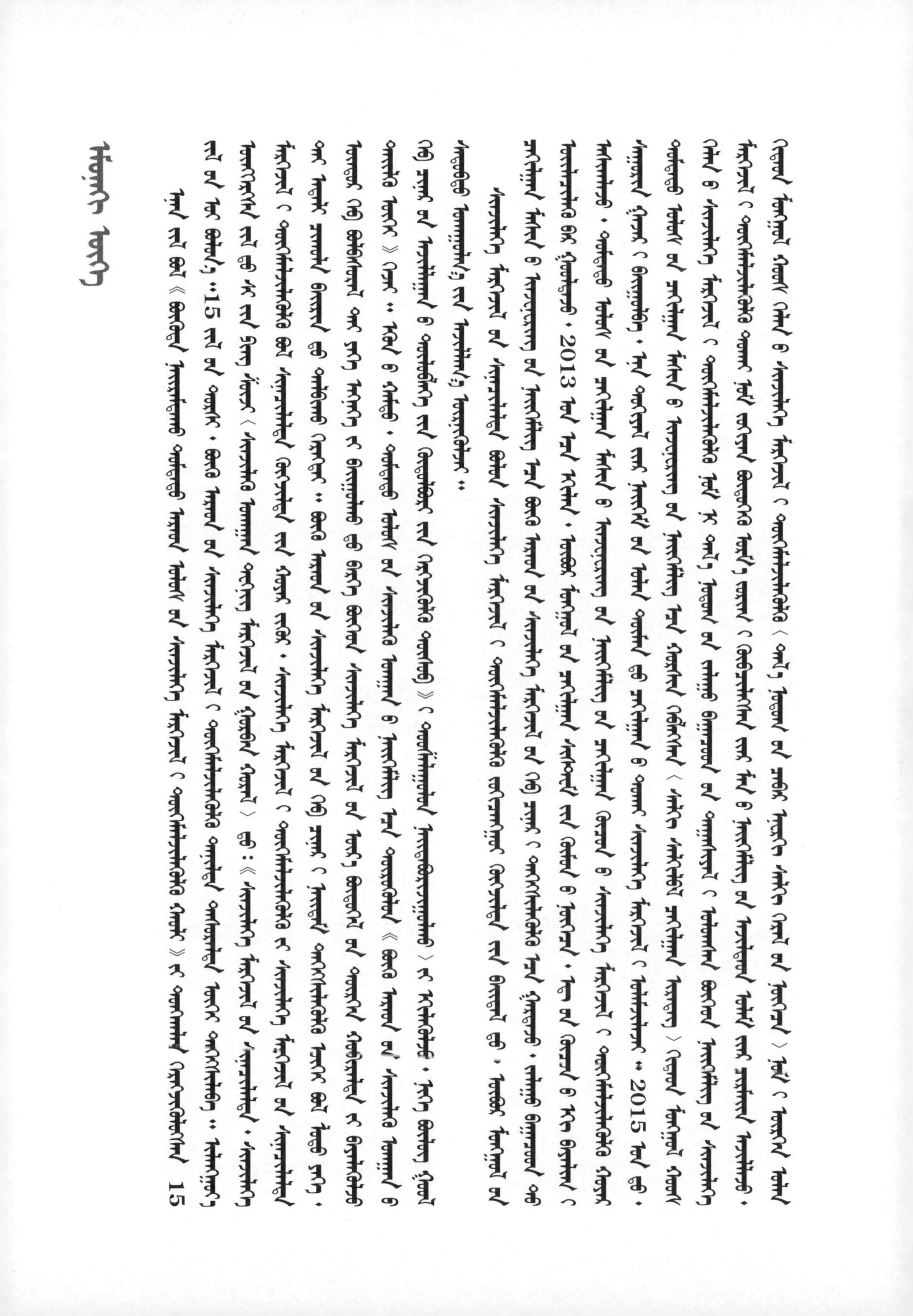

储》蒙汉双语科普图书。

太阳能和风能都是取之不尽、用之不竭的可再生资源。截至 2015 年底，中国累计光伏发电装机容量为4318万千瓦，成为全球光伏发电装机容量最大的国家。中国风电累计装机容量超过1亿千瓦，大幅度领先第二名的美国，稳居世界第一位。

《草原上的绿色电能——风光储》以美丽草原为背景，采取图文并茂的形式，生动活泼的语言，有趣的故事情节，向青少年讲述了内蒙古大草原得天独厚的自然资源和太阳能发电、风力发电及储能的相关知识。我们相信每一位读者都会被书中丰富的知识和有趣的内容吸引，在学习知识的同时享受到阅读的乐趣，感受到绿色电力、清洁能源的独特魅力。同时，蒙汉双语对照的形式丰富了少数民族语种科普出版物，使学习蒙语汉语的读者获益匪浅。

本书在编写过程中，得到了中国电机工程学会的大力支持与帮助，在此致以衷心的感谢。内蒙古电机工程学会将不断总结科普创作经验，力求为读者呈现更多喜闻乐见的作品。

编写组

2017年5月13日

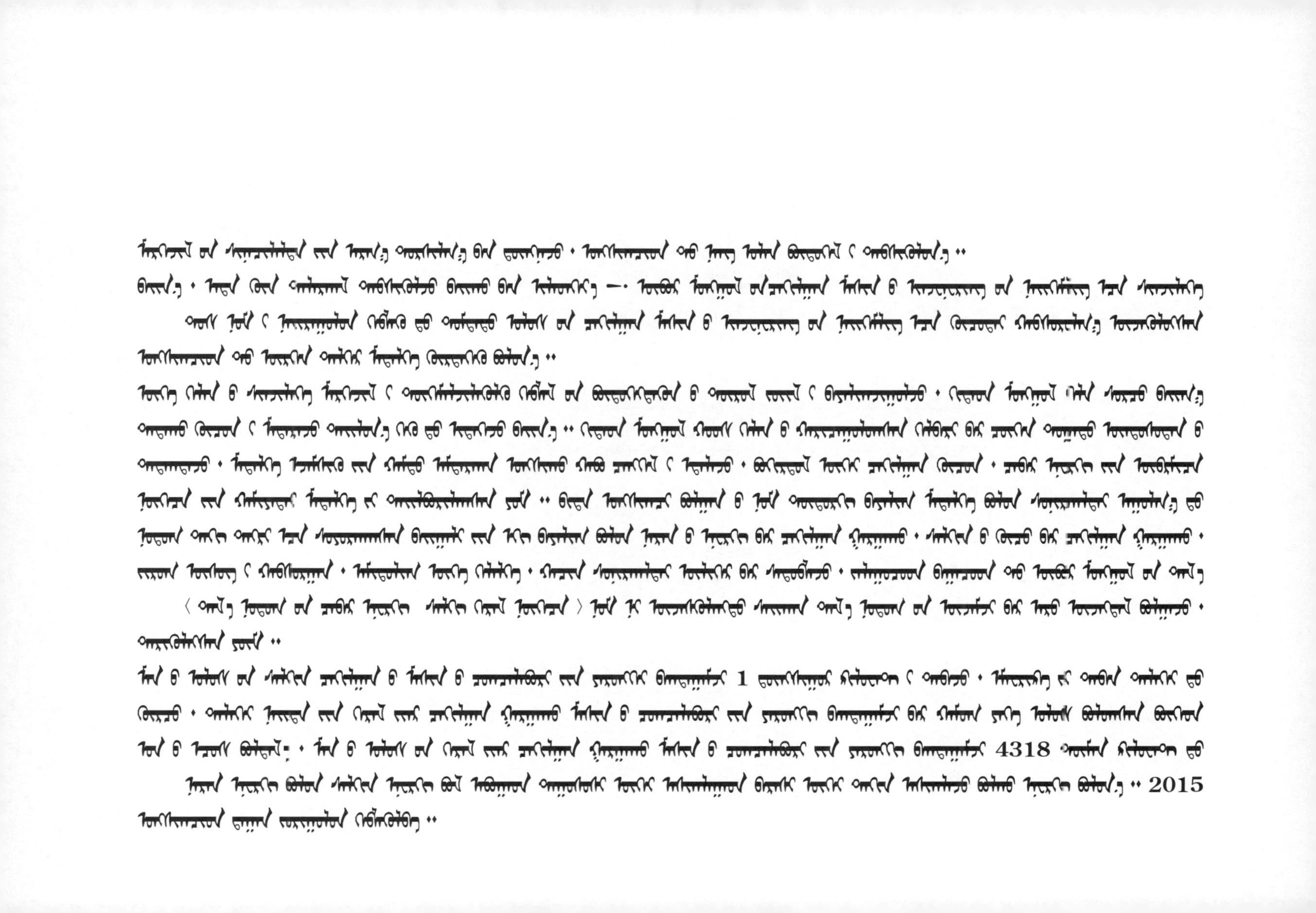

[illegible]

[illegible]

[illegible]

[illegible] 1 [illegible] 4318 [illegible]

[illegible] 2015 [illegible]

ᠭᠠᠷᠴᠠᠭ

目录

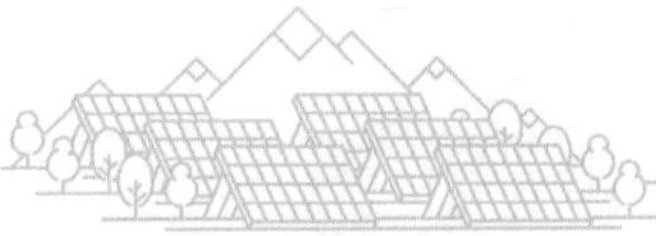

第二部分 太阳能发电

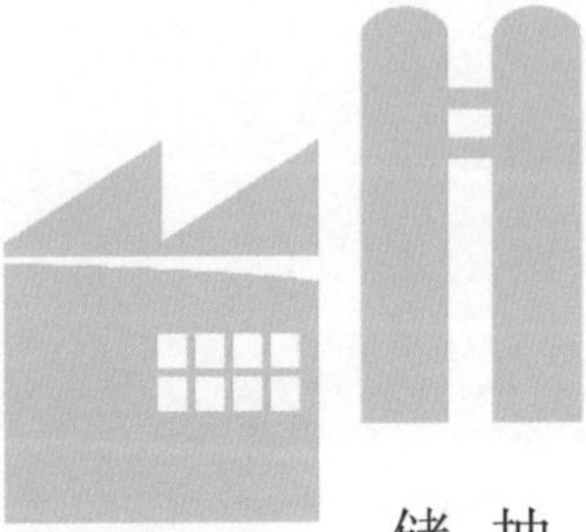

第三部分 储能技术

引言

科普兴趣小组邀请了电机工程学会的巴特尔叔叔，还有热心科普工作的季爷爷一起游览内蒙古清洁能源基地。以宝音（小学二年级男生）、塔拉（小学六年级男生）、高娃（初中二年级女生）为代表的科普兴趣小组的小朋友们，都兴高采烈地跟着乌日娜老师上车。

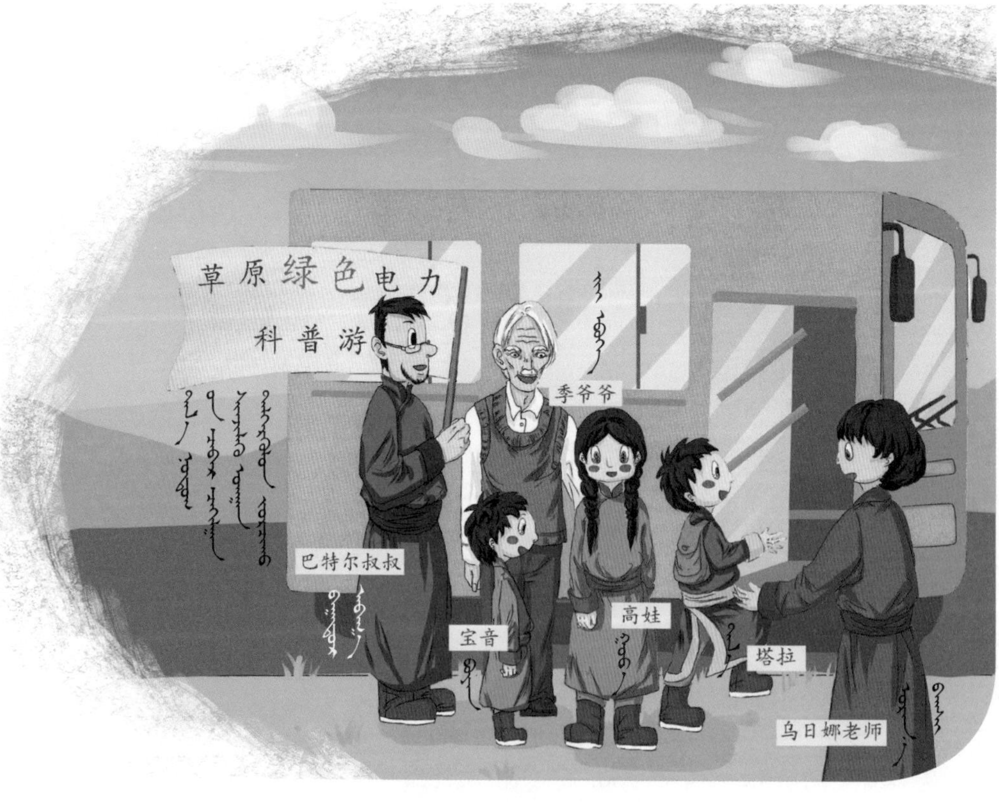

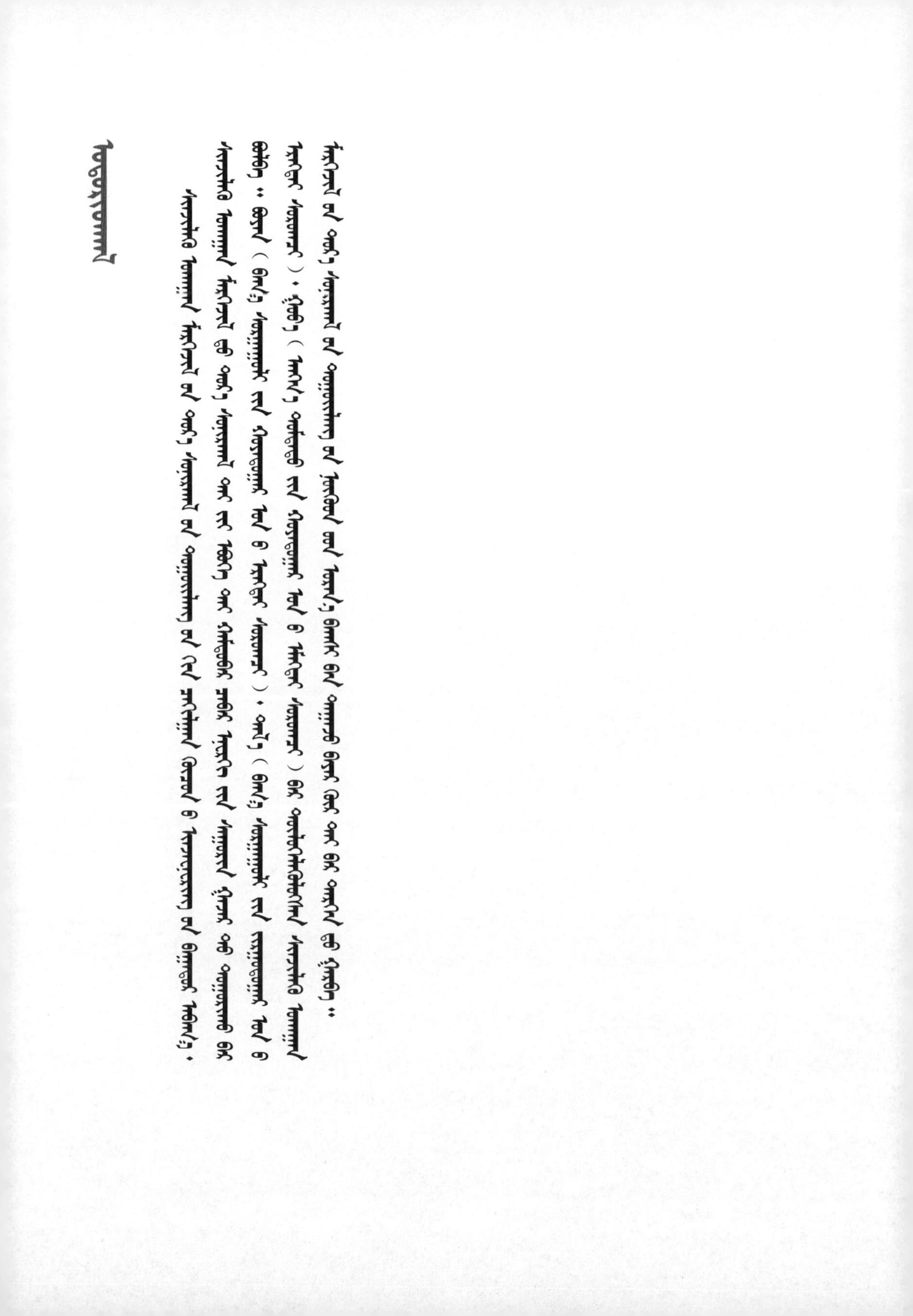

ᠤᠳᠤᠷᠢᠳᠬᠠᠯ

[illegible]
[illegible]
[illegible]
[illegible]
[illegible]

第一部分 风力发电

ᠨᠢᠭᠡᠳᠦᠭᠡᠷ ᠪᠦᠯᠦᠭ ᠰᠠᠯᠬᠢᠨ ᠬᠦᠴᠦᠨ ᠪᠡᠷ ᠴᠠᠬᠢᠯᠭᠠᠨ ᠭᠠᠷᠭᠠᠬᠤ

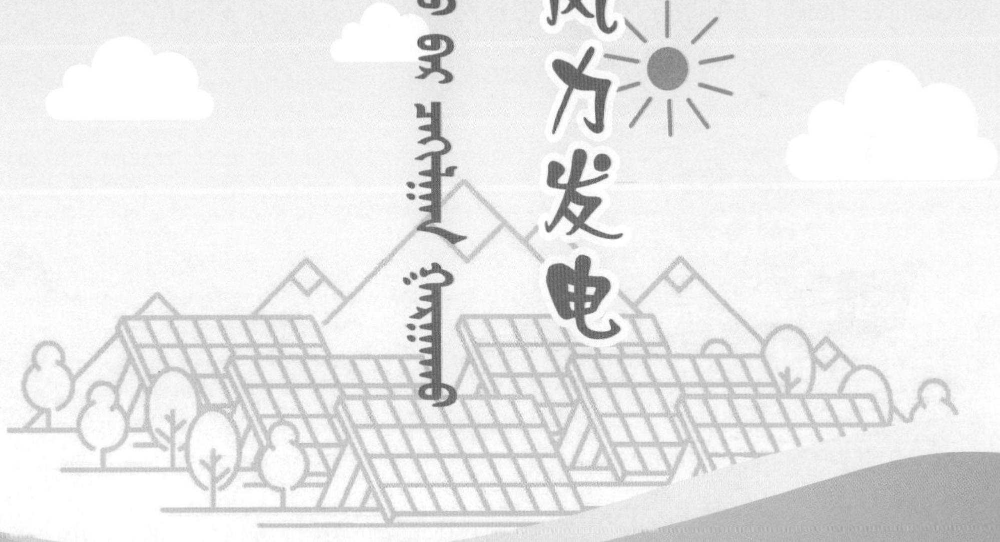

风从哪里来

清点人数后，车就启动了。乌日娜老师微笑着说道：“今天，我们的第一站是去草原风电场，但是现在我想让大家猜个谜语，这个谜面还是一首诗呢！”一听要猜谜，大家都竖起了耳朵。大家听好了：

解落三秋叶，能开二月花。

过江千尺浪，入竹万竿斜。

话音刚落，高娃就抢答道：“我知道谜底，是风！”

“我也听过这首诗……”小朋友们摇头晃脑地齐声背诵起来。

感到车里的气氛立刻活跃起来，乌日娜老师继续说道：“小朋友们，你们了解风吗？谁知道自然界的风是从哪里来的呀？”

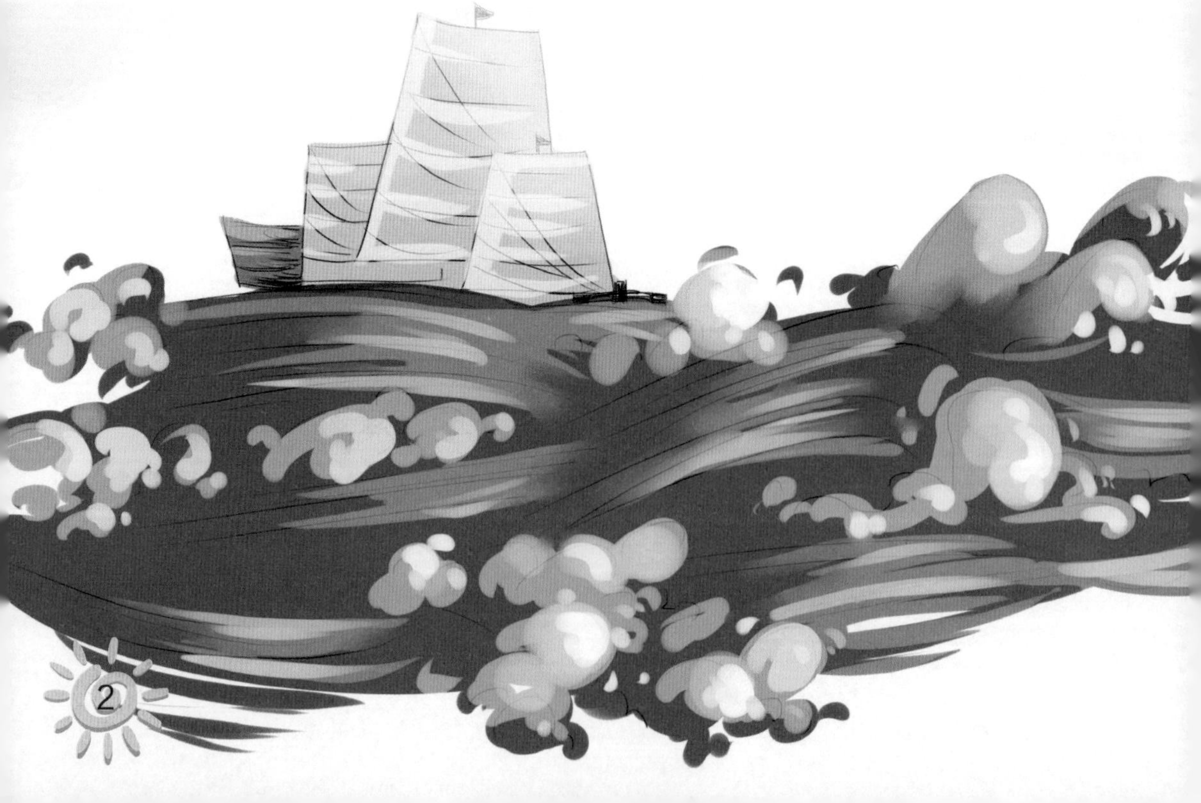

[illegible]

[illegible]

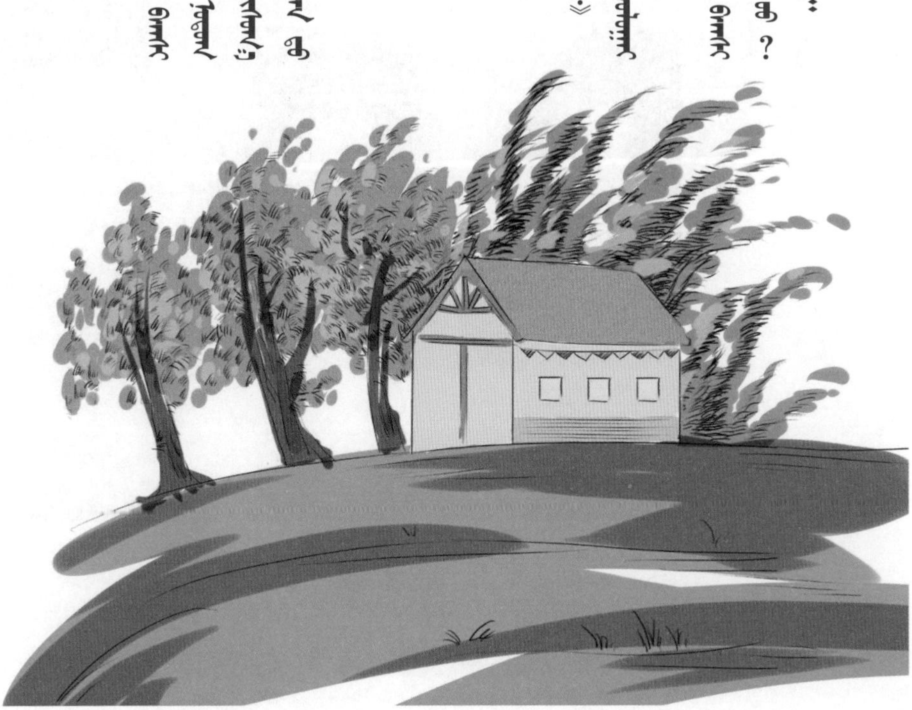

解落三秋叶，
能开二月花。
过江千尺浪，
入竹万竿斜。

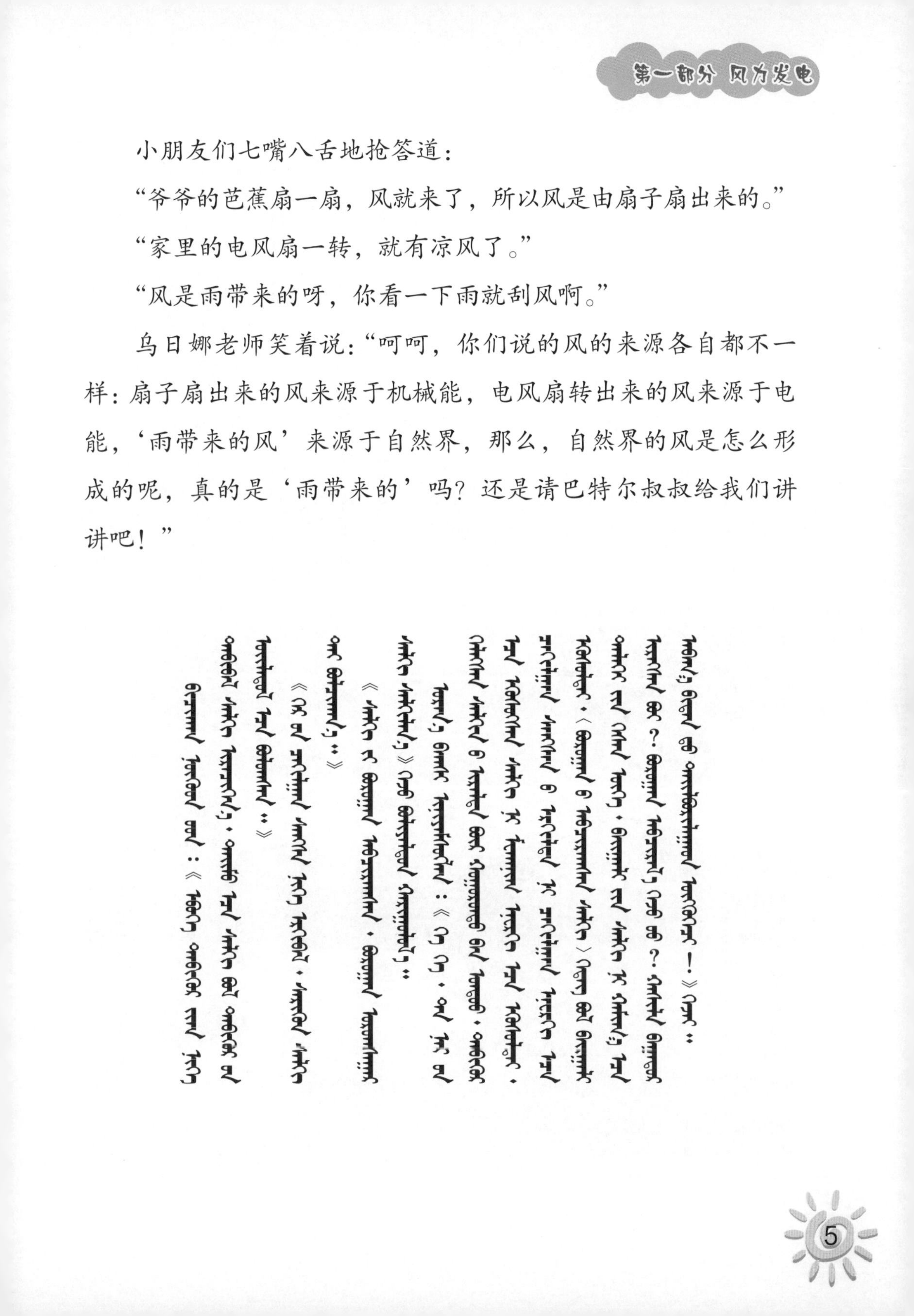

小朋友们七嘴八舌地抢答道：

“爷爷的芭蕉扇一扇，风就来了，所以风是由扇子扇出来的。”

“家里的电风扇一转，就有凉风了。”

“风是雨带来的呀，你看一下雨就刮风啊。”

乌日娜老师笑着说：“呵呵，你们说的风的来源各自都不一样：扇子扇出来的风来源于机械能，电风扇转出来的风来源于电能，‘雨带来的风’来源于自然界，那么，自然界的风是怎么形成的呢，真的是‘雨带来的’吗？还是请巴特尔叔叔给我们讲讲吧！”

巴特尔叔叔讲道："小朋友，自然界的风是空气的流动形成的。地球上任何地方都在吸收太阳照射的热量，但是由于地面各个部分受热不均匀，空气的冷暖程度不一样。于是，暖空气膨胀变轻后上升，周围的冷空气会补充过来，这样冷暖空气的不断流动便形成了风。"

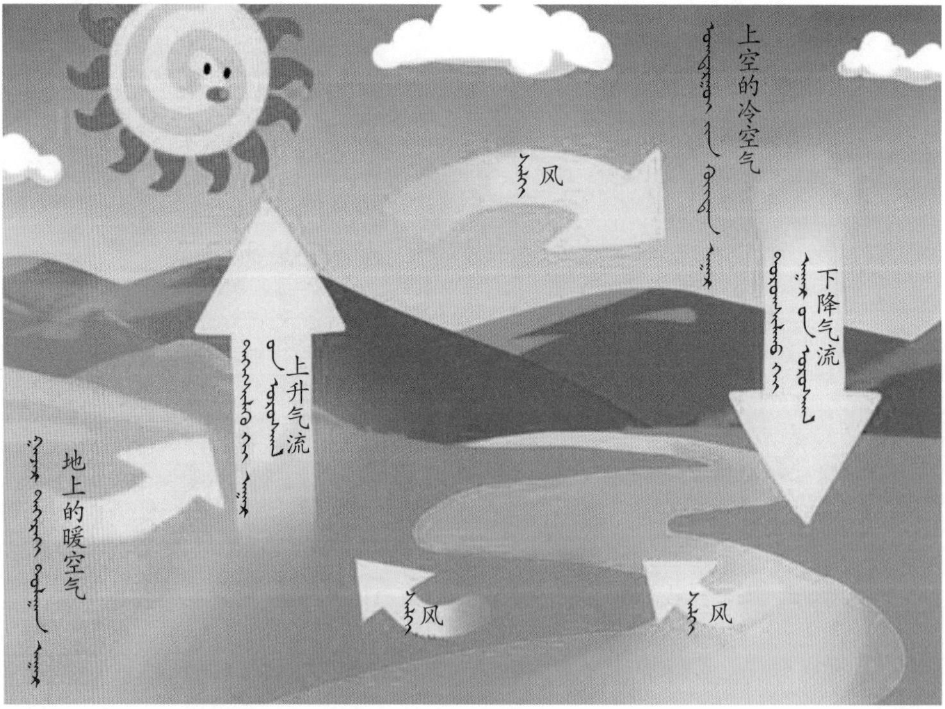

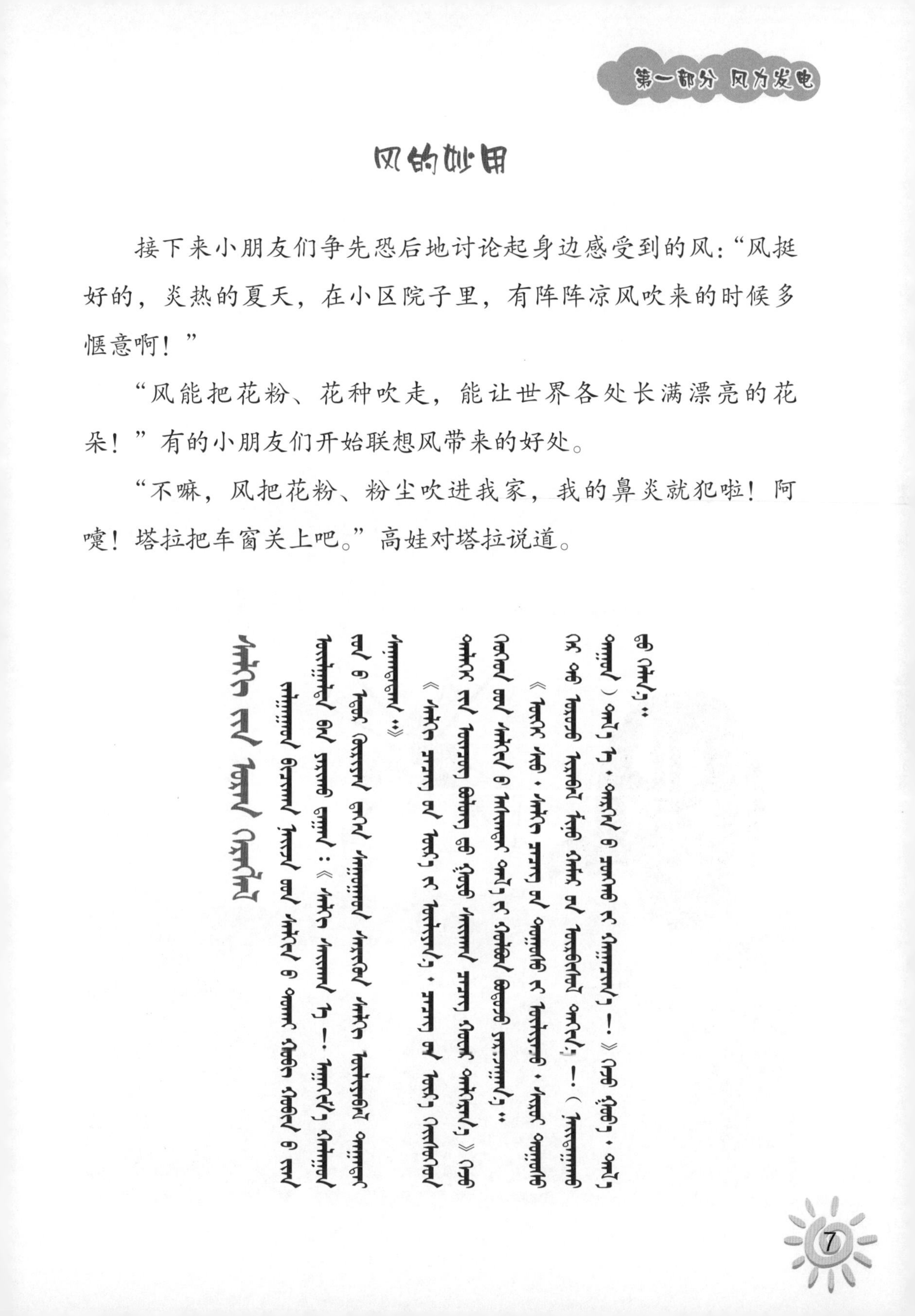

风的妙用

接下来小朋友们争先恐后地讨论起身边感受到的风："风挺好的，炎热的夏天，在小区院子里，有阵阵凉风吹来的时候多惬意啊！"

"风能把花粉、花种吹走，能让世界各处长满漂亮的花朵！"有的小朋友们开始联想风带来的好处。

"不嘛，风把花粉、粉尘吹进我家，我的鼻炎就犯啦！阿嚏！塔拉把车窗关上吧。"高娃对塔拉说道。

ᠰᠠᠯᠬᠢ ᠶᠢᠨ ᠠᠴᠢ ᠲᠤᠰᠠ

巴特尔叔叔继续讲道："很早以前人类就有应用风力的实践，诸如帆船、风力水车、风车磨坊等装置，就是利用这项大自然的能量来为人类服务的。"

乌日娜老师接着说："对呀，利用风能，不会产生任何污染物质，而且投资少，见效快。"

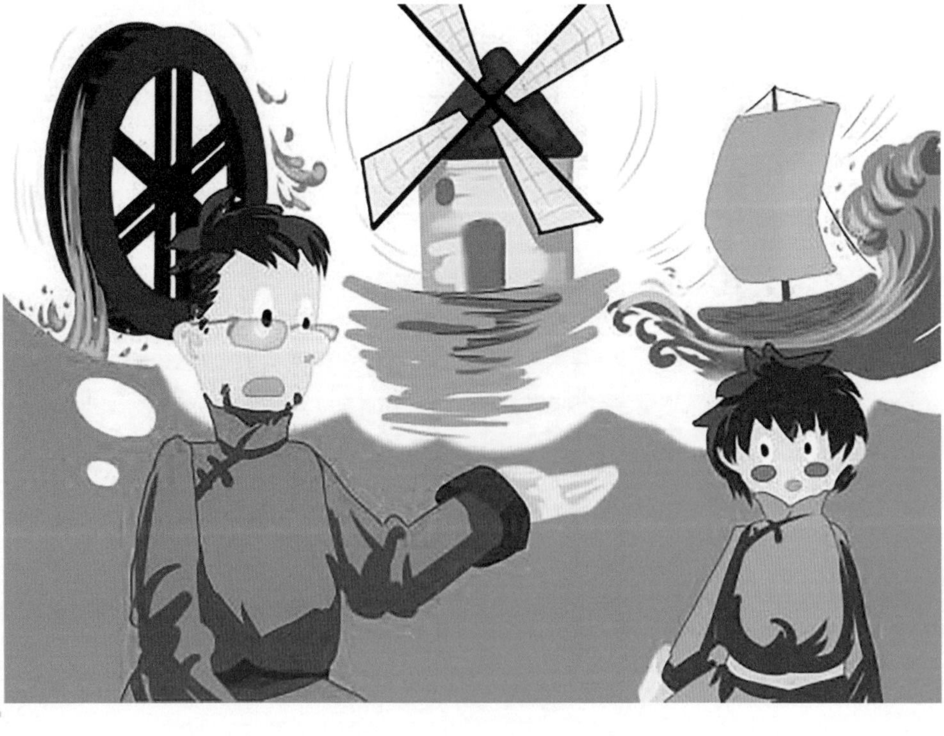

巴特尔叔叔说："是的，促成人类充分利用风——这项天然资源，将风能转换成电能，即人类开始应用风力来发电，是1891年丹麦拉库尔的创举。"

季爷爷点点头补充道："风能作为一种清洁的可再生能源，越来越受到世界各国的重视。目前，世界上有100多个国家开始发展风电，欧盟、美国和中国风电市场现阶段影响着世界风电发展的大局。中国风电的装机量引领全球。中国风能资源储量很大、分布面广，开发利用潜力巨大。"

巴特尔叔叔接过话说："尤其是在我们内蒙古大草原，风能资源特别丰富，内蒙古自治区可利用的风能资源约占全国风能资源总量的50%左右，风能资源储量居全国首位，而且风能质量优良。所以说我们内蒙古是一个巨大的风能宝库啊！"

内蒙古风资源图

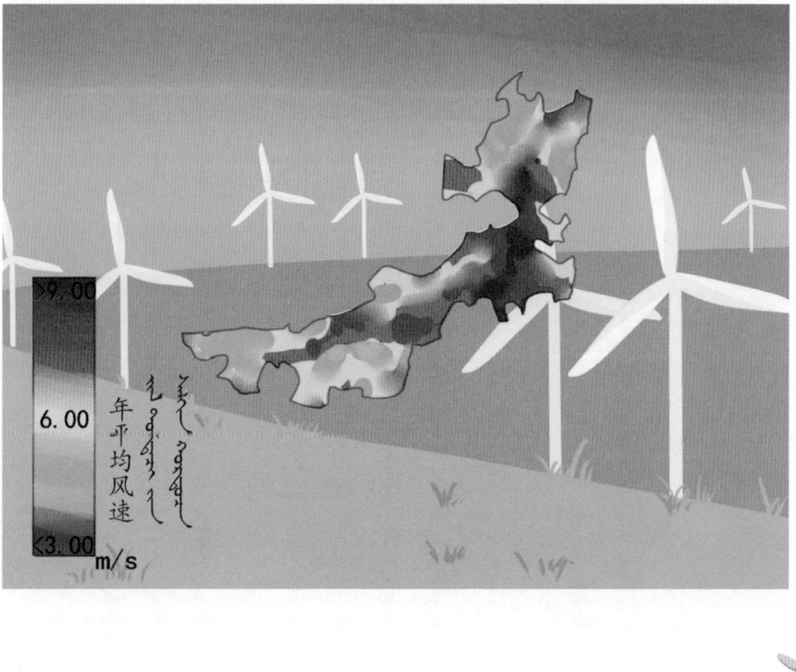

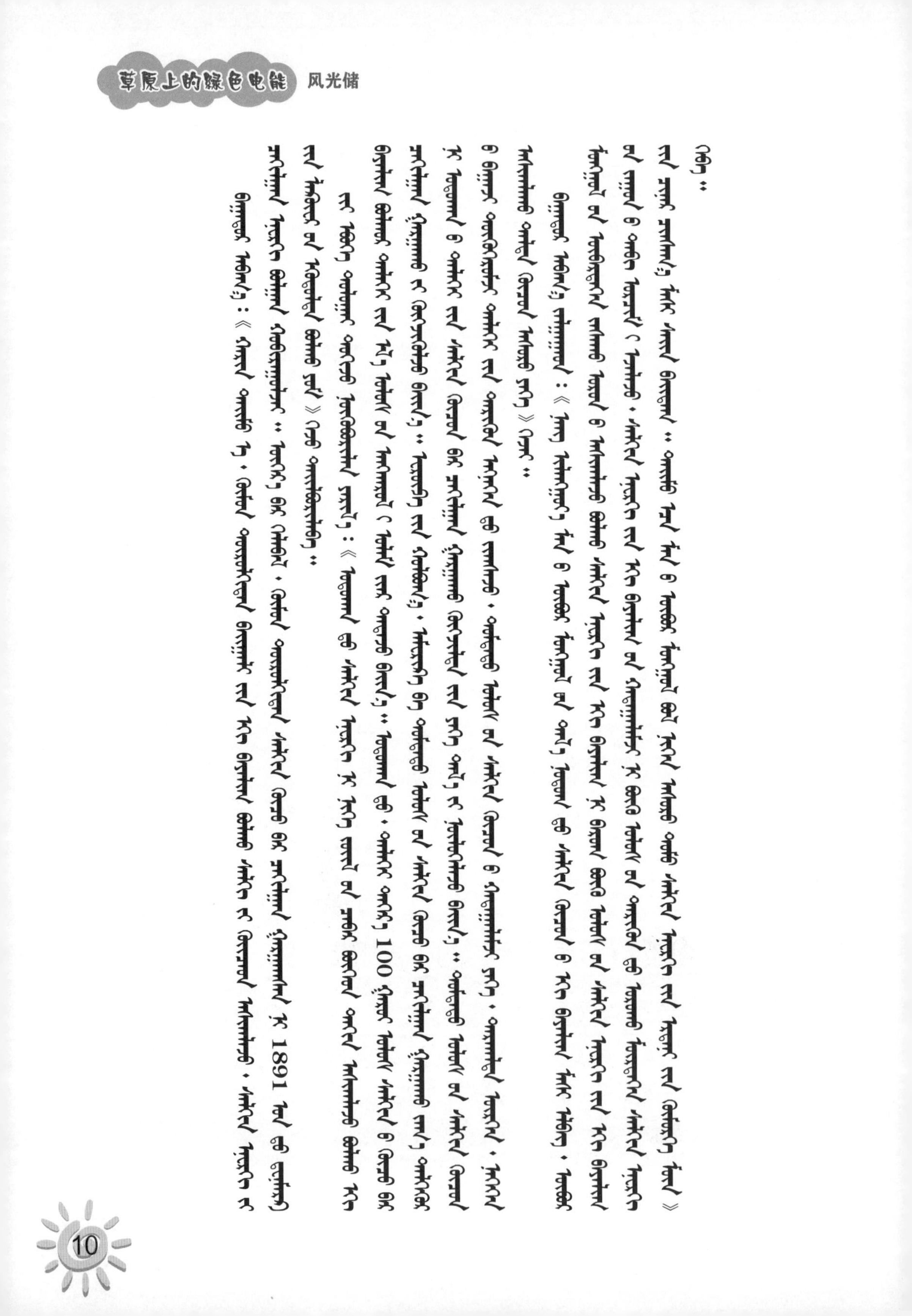

[illegible]

[illegible]

[illegible]

好奇心强的塔拉问道："是不是风越大，产生的价值就越大呢？"。

季爷爷回答道："是啊，当微风展开旌旗的时候，风速为大于 3 米每秒，就可以驱动风力发电机组了；当风吹起地面尘土和纸张的时候，风速为大于 5 米每秒，就适合发电了。"

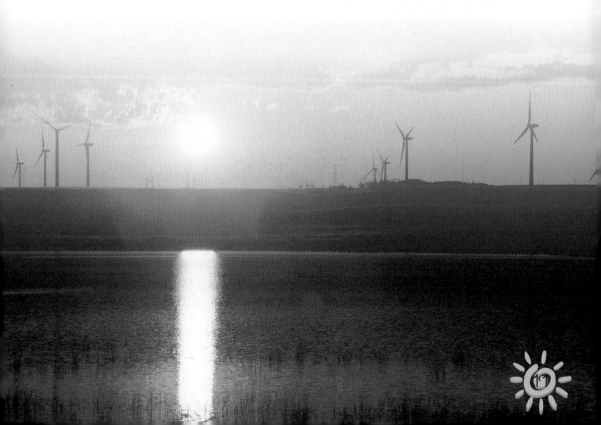

ᠦᠢᠯᠡᠳᠪᠦᠷᠢᠯᠡᠨ᠎ᠡ》 ᠭᠡᠪᠡ᠃
ᠰᠠᠯᠬᠢ ᠶᠢᠨ ᠬᠤᠷᠳᠤᠴᠠ ᠰᠧᠺᠦᠨ᠋ᠳ ᠲᠤ 5 ᠮᠧᠲ᠋ᠷ ᠡᠴᠡ ᠢᠯᠡᠭᠦᠦ᠂ ᠴᠠᠬᠢᠯᠭᠠᠨ ᠦᠢᠯᠡᠳᠪᠦᠷᠢᠯᠡᠬᠦ ᠳᠦ
ᠲᠣᠬᠢᠷᠠᠮᠵᠢᠲᠠᠢ᠂ ᠰᠠᠯᠬᠢ ᠶᠢᠨ ᠬᠤᠷᠳᠤᠴᠠ …
… ᠤᠤ?》 ᠭᠡᠵᠦ ᠠᠰᠠᠭᠤᠪᠠ᠃
ᠵᠢ ᠡᠪᠦᠭᠡ ᠬᠠᠷᠢᠭᠤᠯᠲᠤ:《ᠰᠠᠯᠬᠢ ᠶᠢᠨ …

“那风所产生的电能能够直接用吗？”喜欢探究事物的来龙去脉的高娃想起妈妈的手机经常没电，于是脱口而出：“那我回去自己安装个风力发电机，这样妈妈的手机就不会没电啦！”

巴特尔叔叔听了高娃的想法后，笑得合不拢嘴，回答道：“想法不错，但是真正要给妈妈的手机安装个风力发电机是很复杂的，需要经过多种转化才能输出220伏的家用电。就像现在的自来水，我们需要多次过滤处理后才可以饮用。”

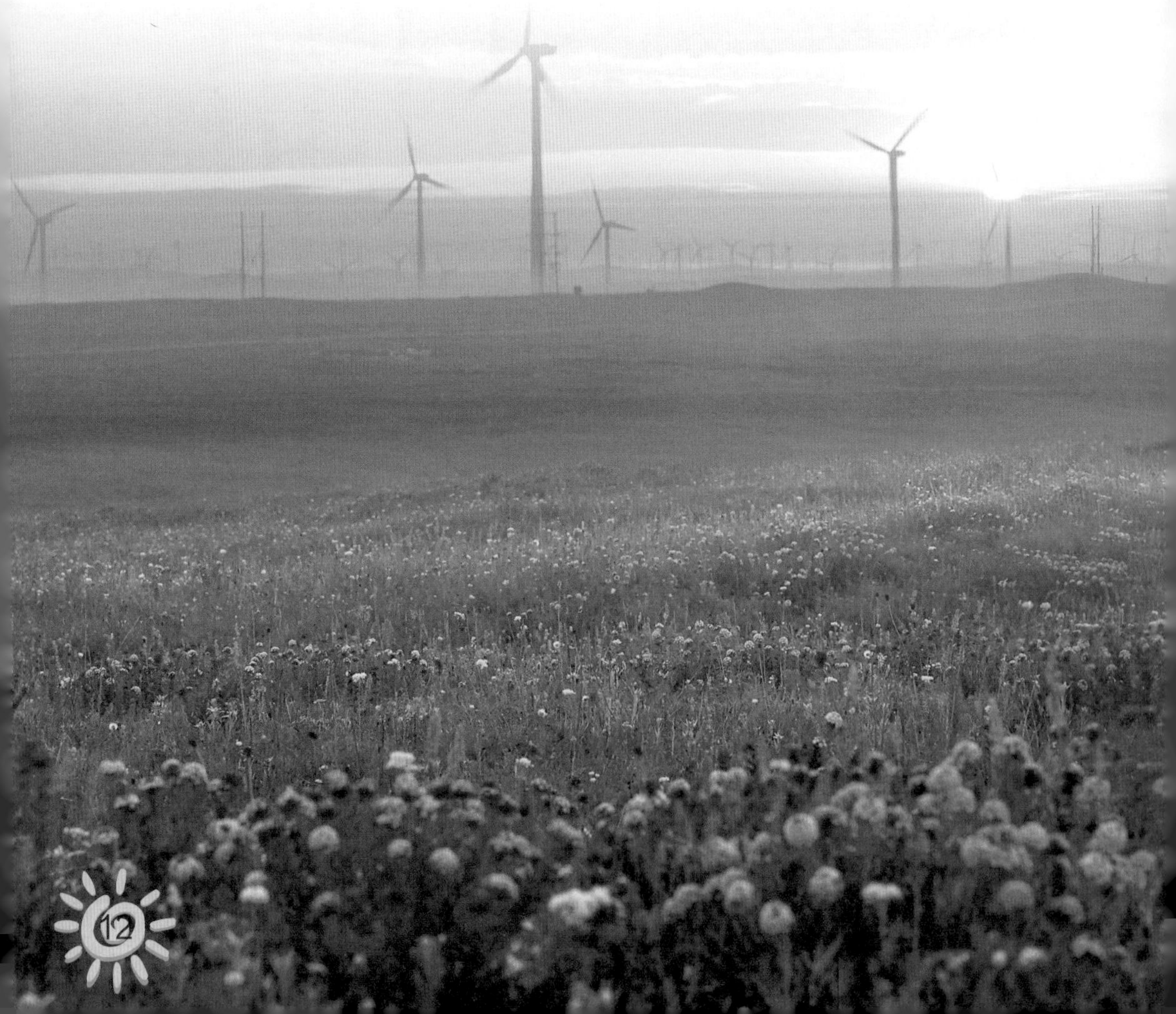

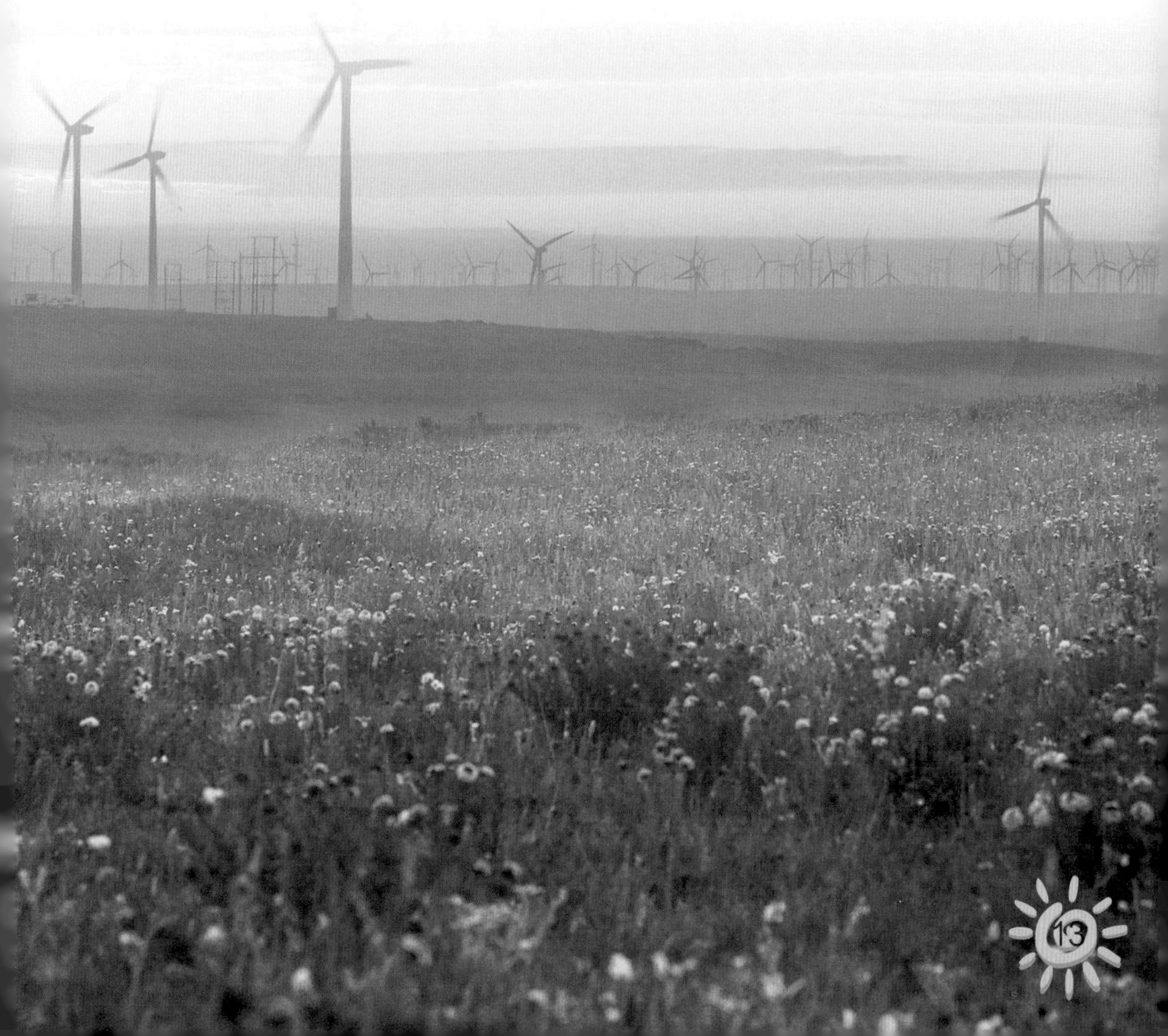

"啊……"高娃露出沮丧的神情。

季爷爷过来安抚道："虽然这样行不通，但是你的想法很好，而且有些地方已经用上了！"

"真的吗？是哪里？"高娃兴奋地问道。

"以前在少数边远地区使用，风力发电机组接一个15瓦的灯泡，就能够直接发光，但是一明一暗的，因为风忽大忽小，所以发出来的电就不稳定，灯泡经常被损坏。不过现在通过科学技术已经把这个难题解决了，风力发电机组也能发出稳定的、好用的电来。"

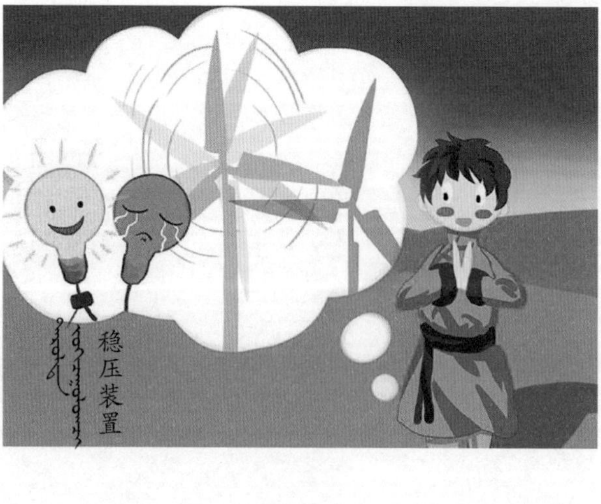

奇妙的风力发电机组模型

科普兴趣小组经过三个多小时的车程，终于来到了风电场。为激发孩子们学习的兴趣，风电场的工程师们将小朋友首先领进了一个装有风力发电机组模型的神奇房子。

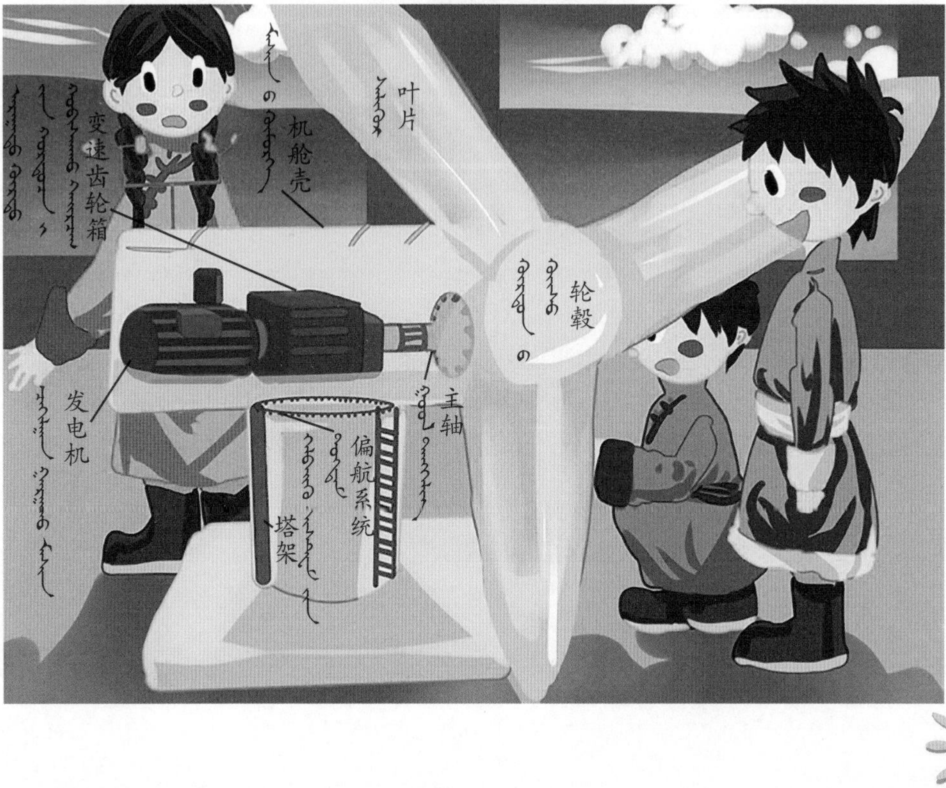

巴特尔叔叔指着模型耐心地说道："从外形看，风力发电机组由风轮、机舱、塔架等组成，风轮一般由三片叶片组成，机舱内有齿轮变速箱、发电机及控制系统等。"

"大家好，让我们自己来介绍！"不知道是谁在说话，小朋友左瞧右瞧，发现原来是正在转动的叶片在说话。

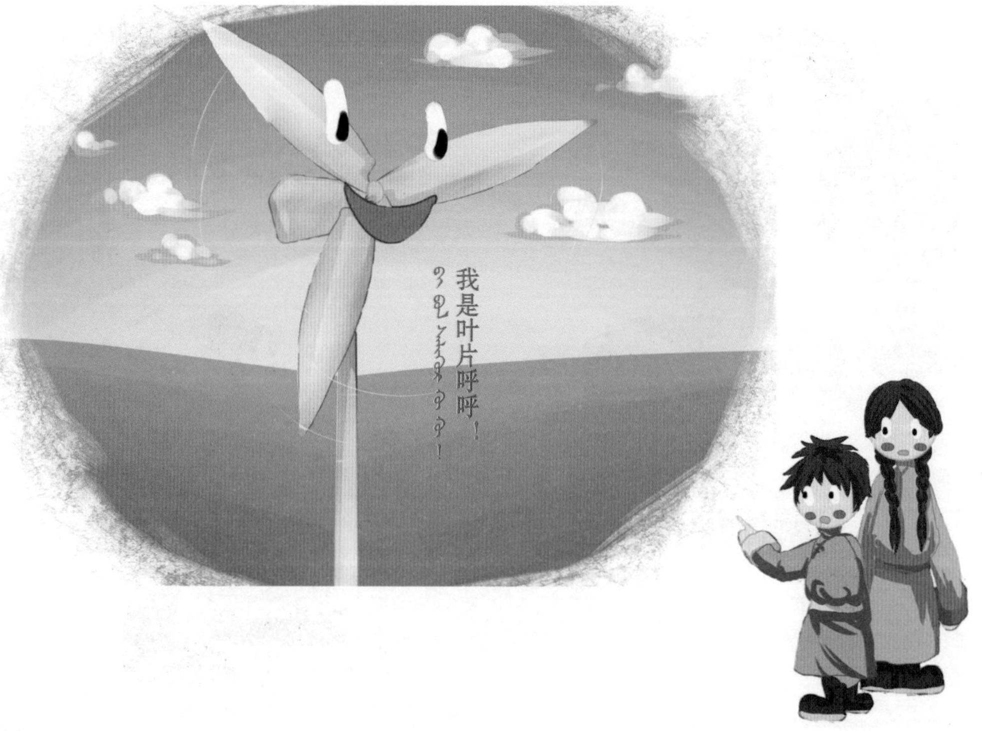

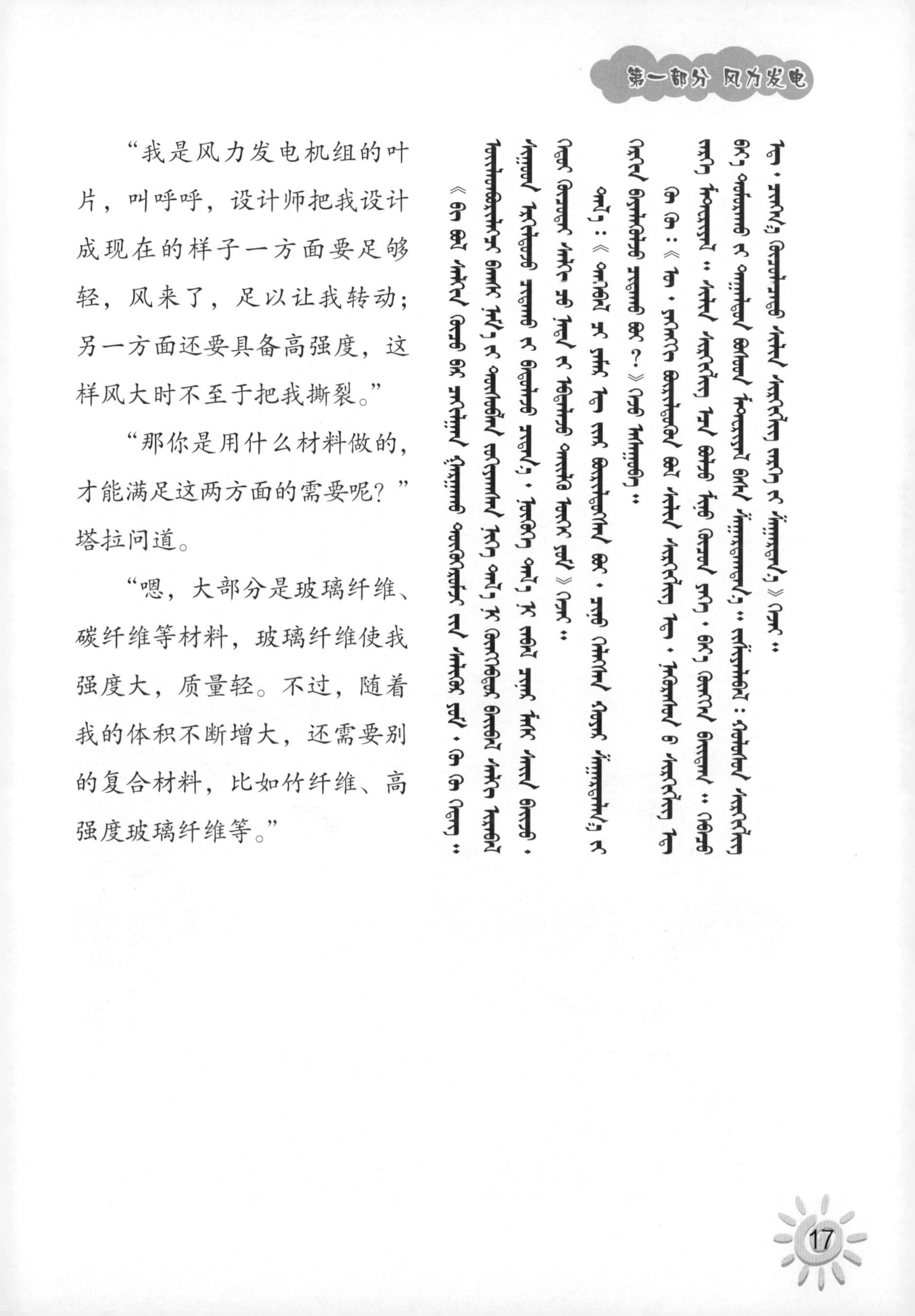

“我是风力发电机组的叶片，叫呼呼，设计师把我设计成现在的样子一方面要足够轻，风来了，足以让我转动；另一方面还要具备高强度，这样风大时不至于把我撕裂。”

“那你是用什么材料做的，才能满足这两方面的需要呢？”塔拉问道。

“嗯，大部分是玻璃纤维、碳纤维等材料，玻璃纤维使我强度大，质量轻。不过，随着我的体积不断增大，还需要别的复合材料，比如竹纤维、高强度玻璃纤维等。”

“那你和我家的电风扇的叶片一样吗？”高娃小心翼翼地问道。

“不同，不同，我是风力发电机组接受风能的器件，电风扇的叶片是产生风的器件。”叶片呼呼焦急地更正道。

“哈哈……”浑厚的声音从旁边传来，小朋友又开始寻找声音的来源，原来是与叶片

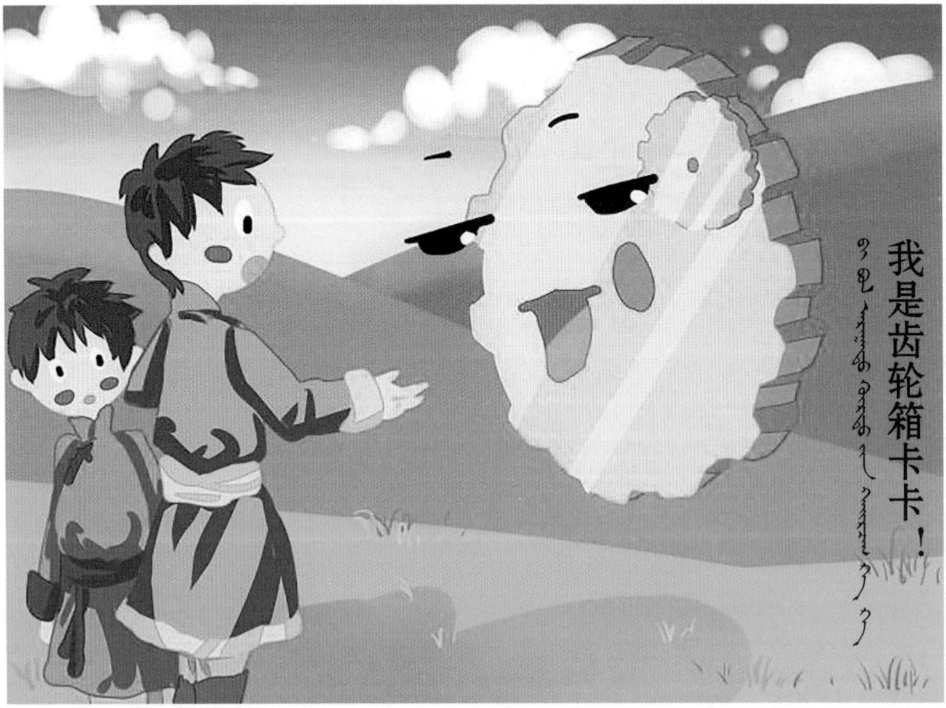

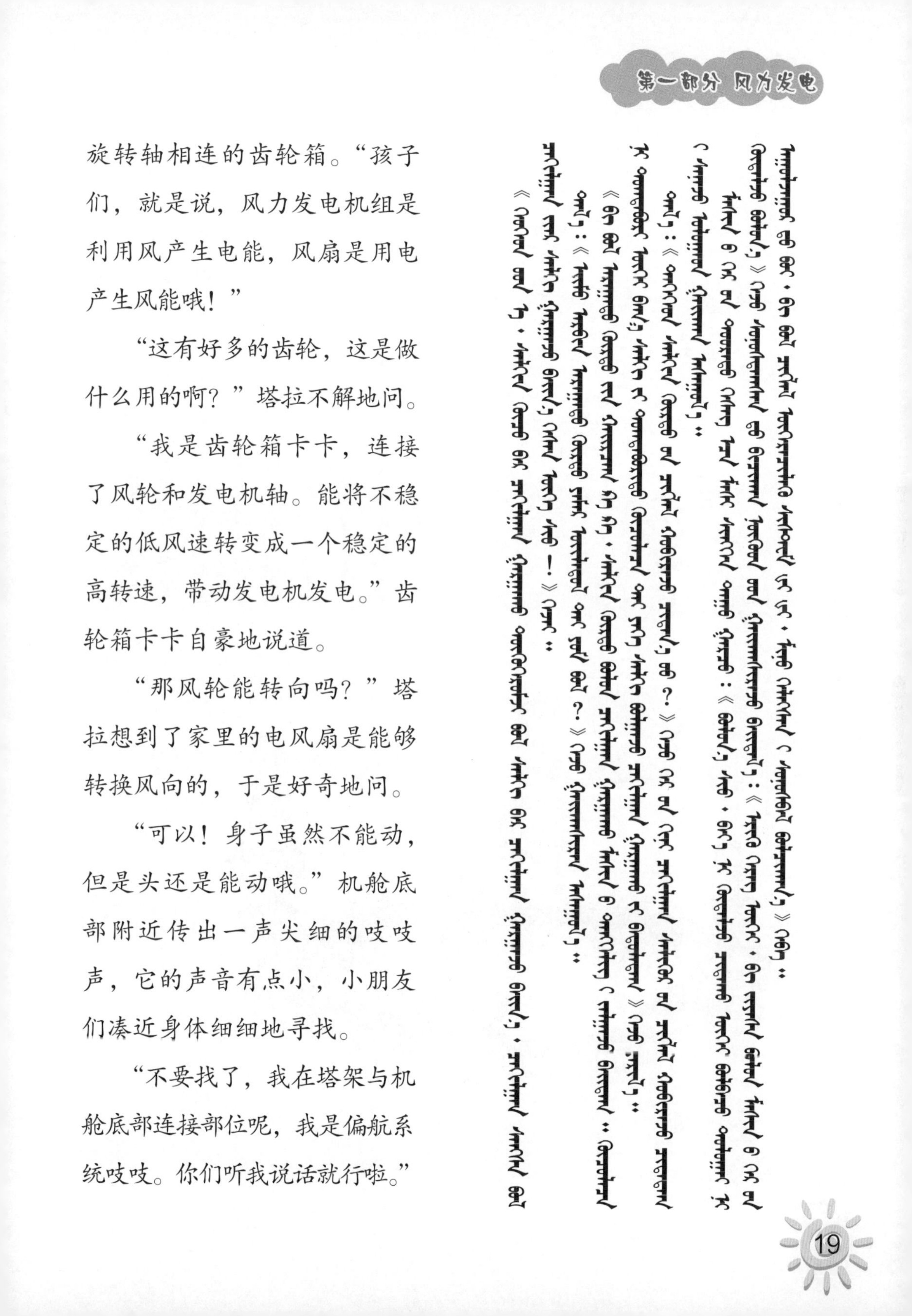

旋转轴相连的齿轮箱。“孩子们，就是说，风力发电机组是利用风产生电能，风扇是用电产生风能哦！”

“这有好多的齿轮，这是做什么用的啊？”塔拉不解地问。

“我是齿轮箱卡卡，连接了风轮和发电机轴。能将不稳定的低风速转变成一个稳定的高转速，带动发电机发电。”齿轮箱卡卡自豪地说道。

“那风轮能转向吗？”塔拉想到了家里的电风扇是能够转换风向的，于是好奇地问。

“可以！身子虽然不能动，但是头还是能动哦。”机舱底部附近传出一声尖细的吱吱声，它的声音有点小，小朋友们凑近身体细细地寻找。

“不要找了，我在塔架与机舱底部连接部位呢，我是偏航系统吱吱。你们听我说话就行啦。”

“好，吱吱你说吧。”宝音回答道。

“叶片呼呼为了能获得较大的和较均匀的风力，它一般修建得比较高。但是风不仅大小在变化，而且方向也在时刻变化，不固定，为了获得效率最高的风能，需要保持风轮始终对准风向，我就是为了这个目的设计出来的‘偏航系统’哦。”

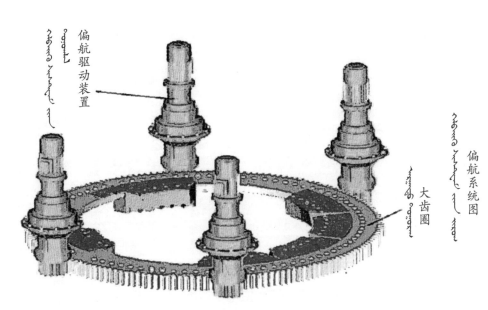

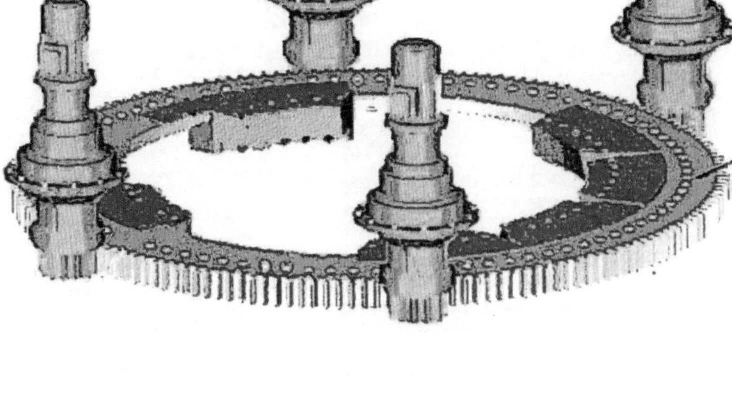

偏航系统图

吱吱继续骄傲地说道："通过我这个'偏航系统'，风轮像有了灵魂，随着风的方向，转动整个头部，始终迎着风站立！"

高娃听到这里，情不自禁地想到自己最喜爱的植物，说道："哇！那就好像是向日葵了！时刻都迎接太阳了！"

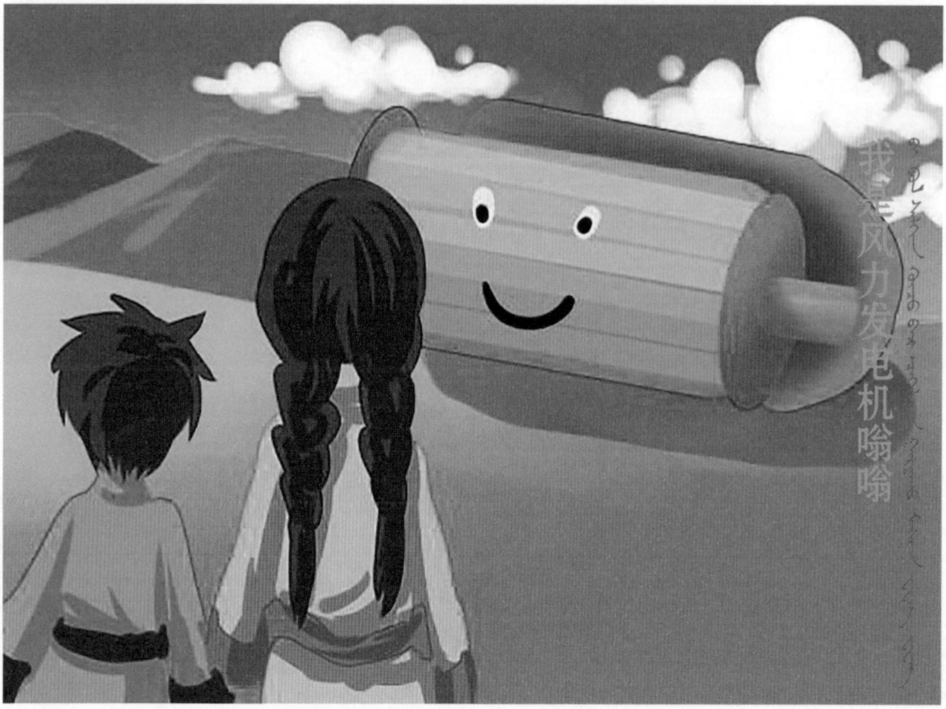

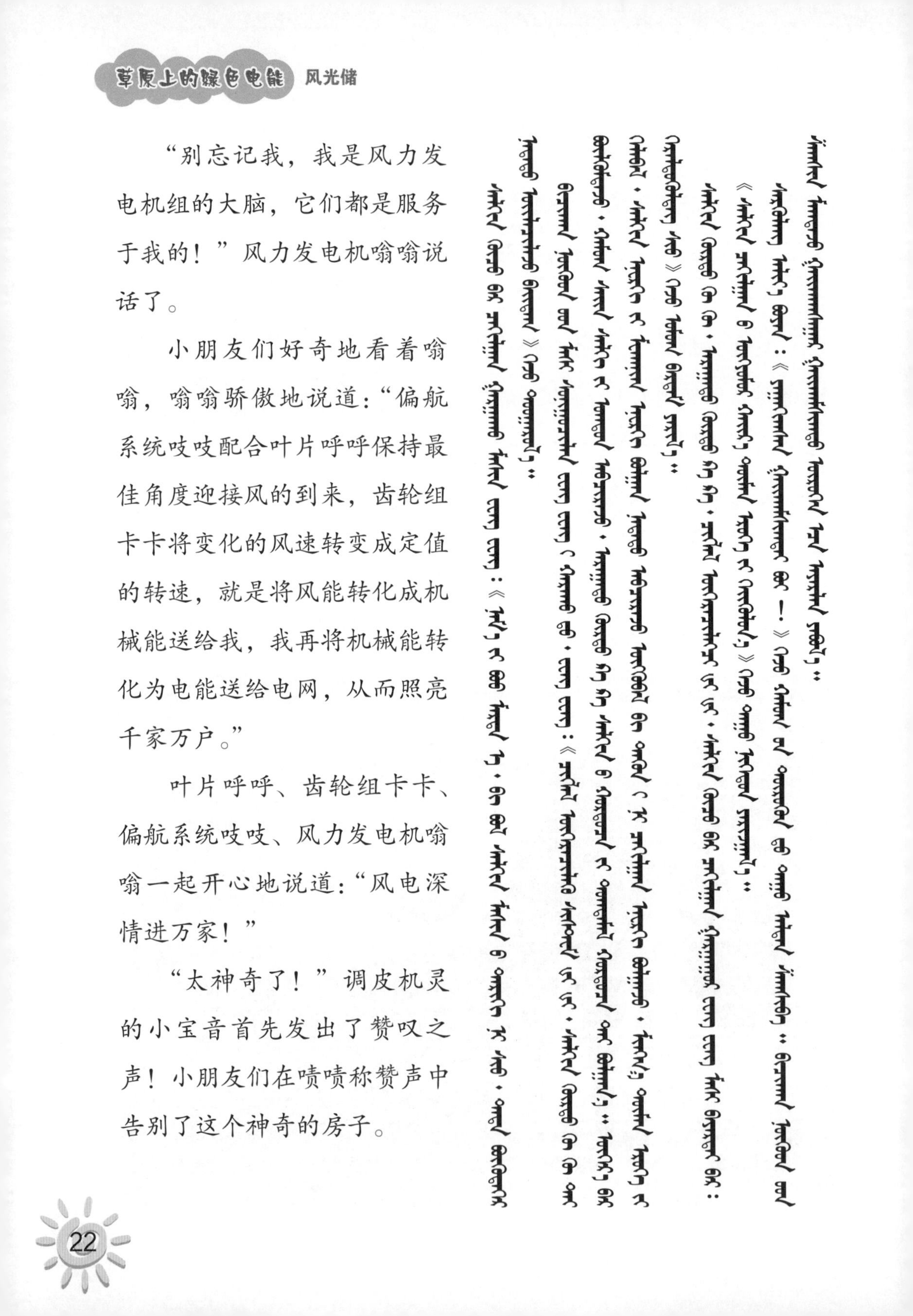

“别忘记我，我是风力发电机组的大脑，它们都是服务于我的！”风力发电机嗡嗡说话了。

小朋友们好奇地看着嗡嗡，嗡嗡骄傲地说道：“偏航系统吱吱配合叶片呼呼保持最佳角度迎接风的到来，齿轮组卡卡将变化的风速转变成定值的转速，就是将风能转化成机械能送给我，我再将机械能转化为电能送给电网，从而照亮千家万户。”

叶片呼呼、齿轮组卡卡、偏航系统吱吱、风力发电机嗡嗡一起开心地说道：“风电深情进万家！”

“太神奇了！”调皮机灵的小宝音首先发出了赞叹之声！小朋友们在啧啧称赞声中告别了这个神奇的房子。

草原风电场

没走多远，便进入风电场。与房子里的模型相比，现场的风电场机组真可谓“高大上”！在茫茫草原上矗立着若干个“梅花阵”排列的风力发电机组，太壮观了！以塔拉为代表的男生率先飞奔过去。乌日娜老师赶忙喊住：“小朋友，我们先要征得风电场工作人

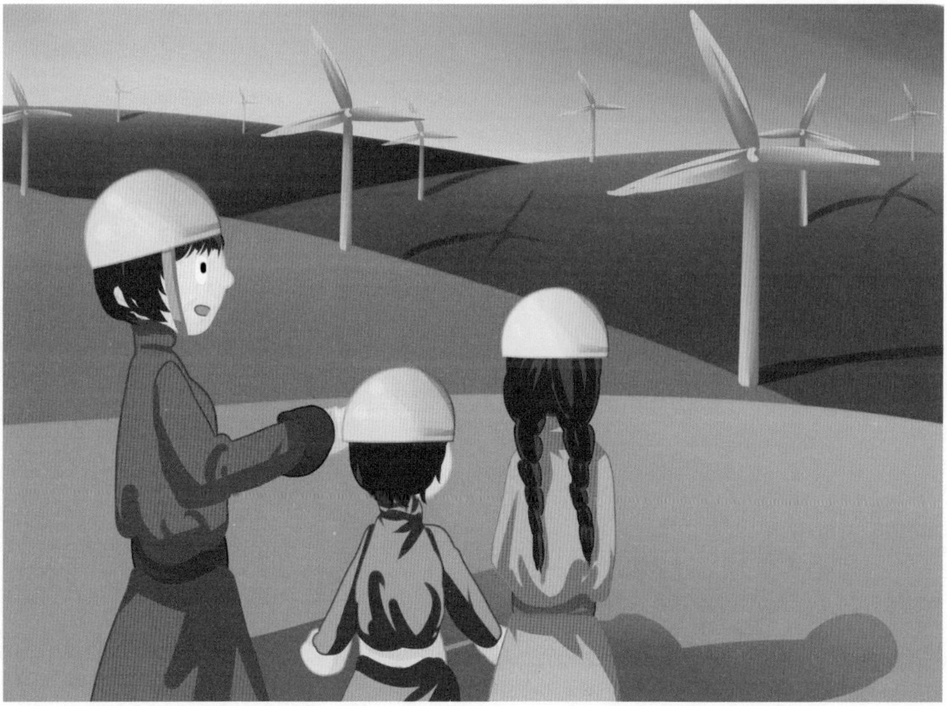

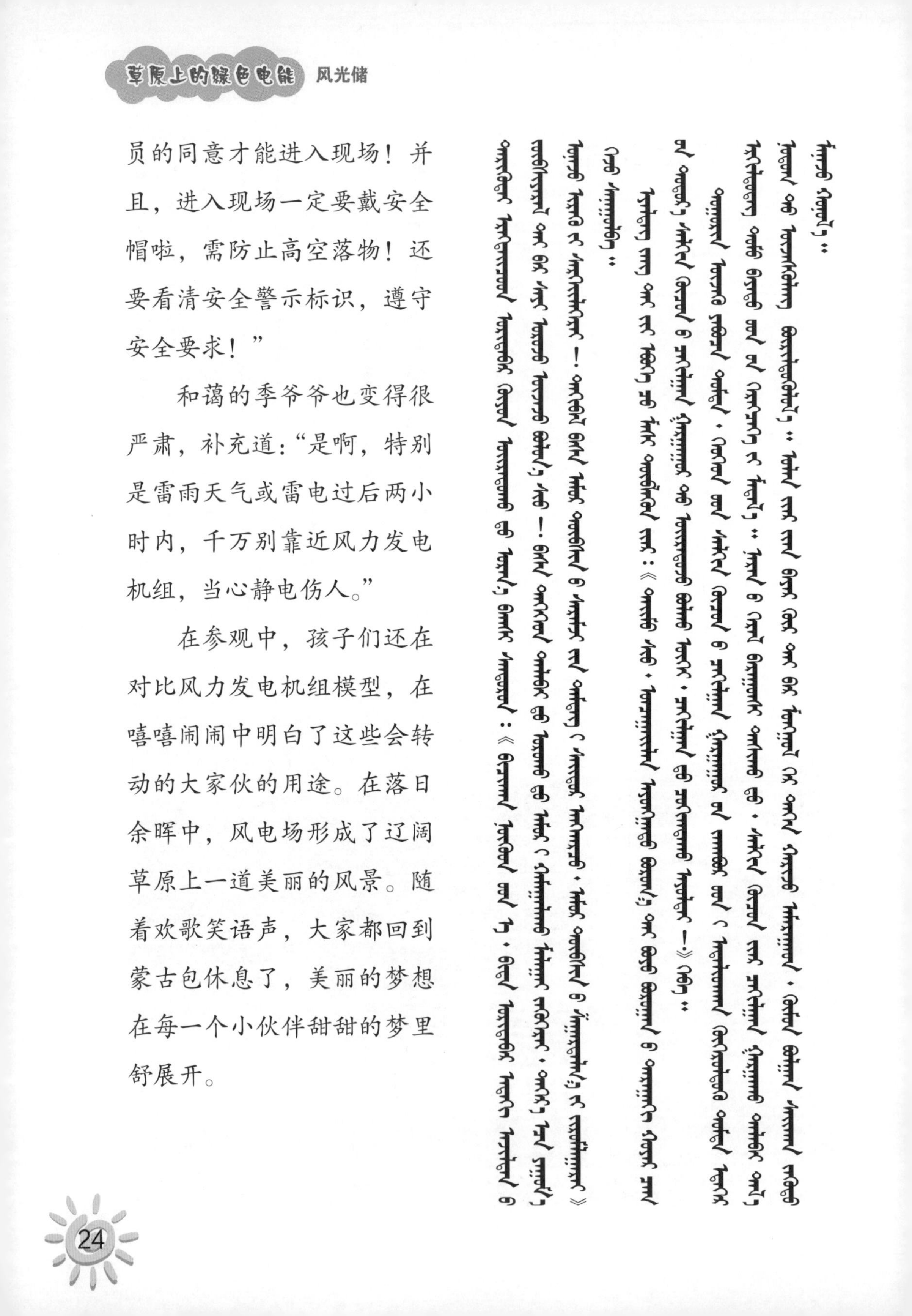

员的同意才能进入现场！并且，进入现场一定要戴安全帽啦，需防止高空落物！还要看清安全警示标识，遵守安全要求！”

和蔼的季爷爷也变得很严肃，补充道：“是啊，特别是雷雨天气或雷电过后两小时内，千万别靠近风力发电机组，当心静电伤人。”

在参观中，孩子们还在对比风力发电机组模型，在嘻嘻闹闹中明白了这些会转动的大家伙的用途。在落日余晖中，风电场形成了辽阔草原上一道美丽的风景。随着欢歌笑语声，大家都回到蒙古包休息了，美丽的梦想在每一个小伙伴甜甜的梦里舒展开。

第二部分 太阳能发电

ᠬᠣᠶᠠᠳᠤᠭᠠᠷ ᠬᠡᠰᠡᠭ ᠨᠠᠷᠠᠨ ᠡᠨᠧᠷᠭᠢ ᠶᠢᠨ ᠴᠠᠬᠢᠯᠭᠠᠨ ᠭᠠᠷᠭᠠᠯᠲᠠ

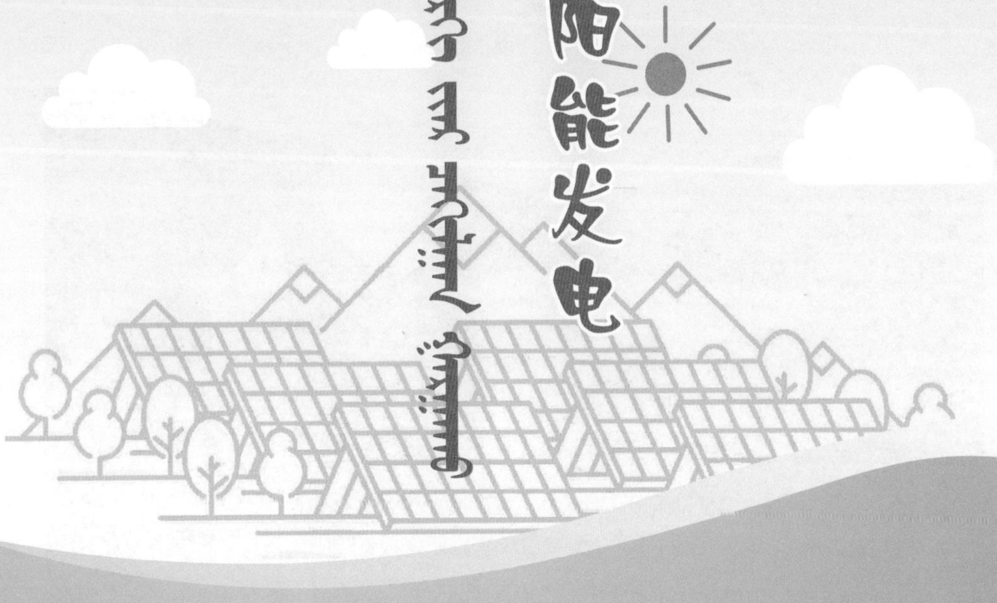

神奇的太阳

第二天一大早，整装待发的塔拉最先走出蒙古包，他突然瞪大了眼睛："大家快来看日出呀！"话音刚落，小伙伴们就聚到了一起，一起看着塔拉指向的远方。

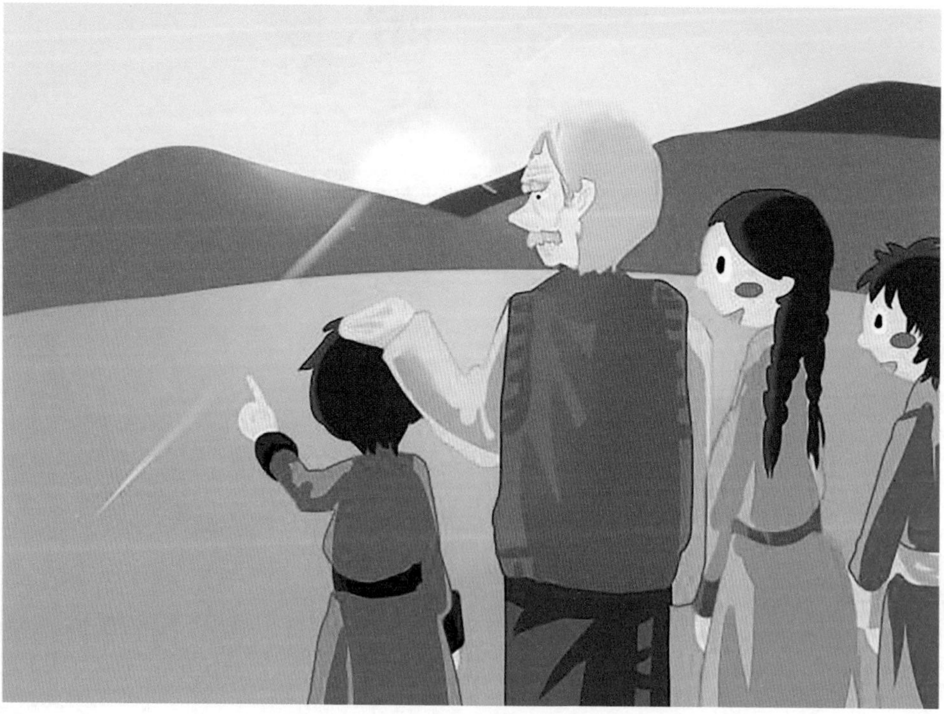

闻声而来的巴特尔叔叔讲道："太阳是一个巨大的球体，体积是地球的 130 万倍呢！它每时每刻都在向地球普照着阳光。我们的地球不仅每天自西向东自转一圈，而且在自转的同时还绕着太阳运转呢！"

乌日娜老师补充道："地球自己转一圈，一天就过去了。地球绕太阳转一圈，一年就过去了。"

宝音急忙说："所以说地球自转产生了白天和黑夜，地球绕太阳公转产生了一年四季！"

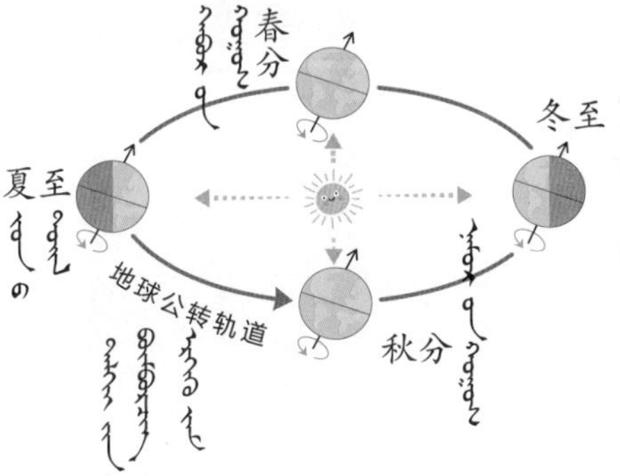

"宝音说对了，这也是一天之中早晚温度低、中午温度高的原因。"

"孩子们，我们去爬山啰，

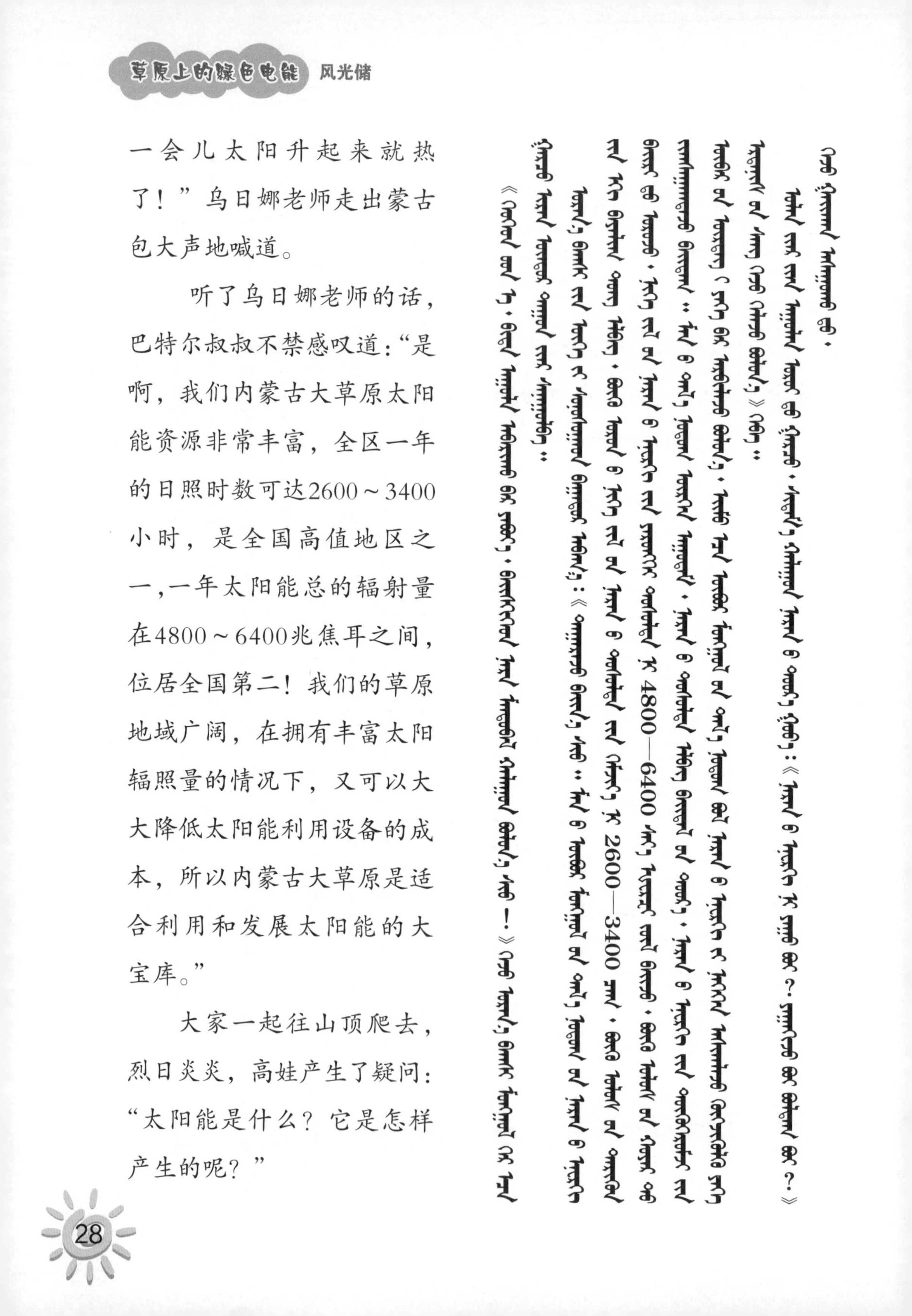

一会儿太阳升起来就热了！”乌日娜老师走出蒙古包大声地喊道。

听了乌日娜老师的话，巴特尔叔叔不禁感叹道：“是啊，我们内蒙古大草原太阳能资源非常丰富，全区一年的日照时数可达2600～3400小时，是全国高值地区之一，一年太阳能总的辐射量在4800～6400兆焦耳之间，位居全国第二！我们的草原地域广阔，在拥有丰富太阳辐照量的情况下，又可以大大降低太阳能利用设备的成本，所以内蒙古大草原是适合利用和发展太阳能的大宝库。”

大家一起往山顶爬去，烈日炎炎，高娃产生了疑问：“太阳能是什么？它是怎样产生的呢？”

季爷爷解释说：“太阳是个很烫很烫的大火球，他不停地散发着光和热，确切地说，太阳能是指太阳内部发生热核反应释放出来的能量。”

“太阳能的产生与太阳神奇的构造有关。太阳由内到外分为核心区、辐射层、对流层，在它内部的核心区，以气体的形式存在着 60 多种物质。在太阳内部高温、高压的环境下，这些气体不断地进行核聚变反应，就会产生大量的光和热。”

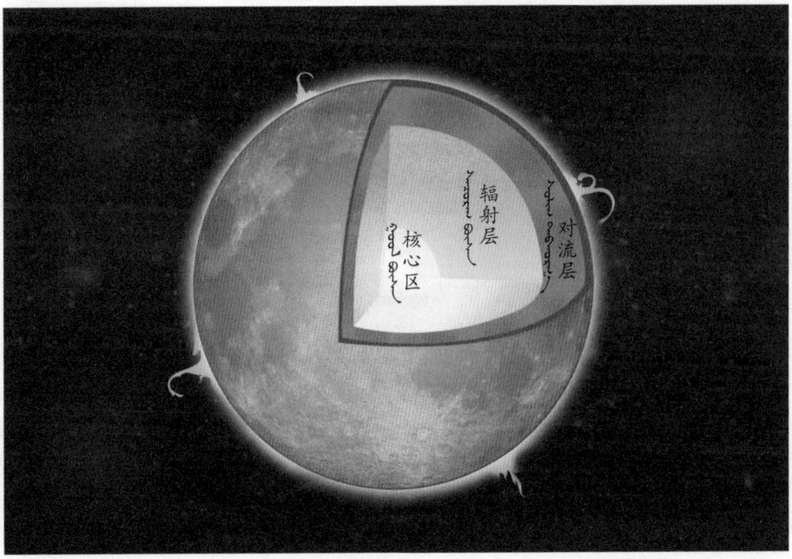

路途上的新发现

“终于到达山顶咯！”

“那是一大片镜子吗？”孩子们有了新发现。

巴特尔叔叔回答说：“那里是太阳能光伏发电站！那一块块整整齐齐排布的像镜子一样的东西是太阳能电池板，能将照射在他们表面的太阳光能转化为电能，也就是太阳能光伏发电。”

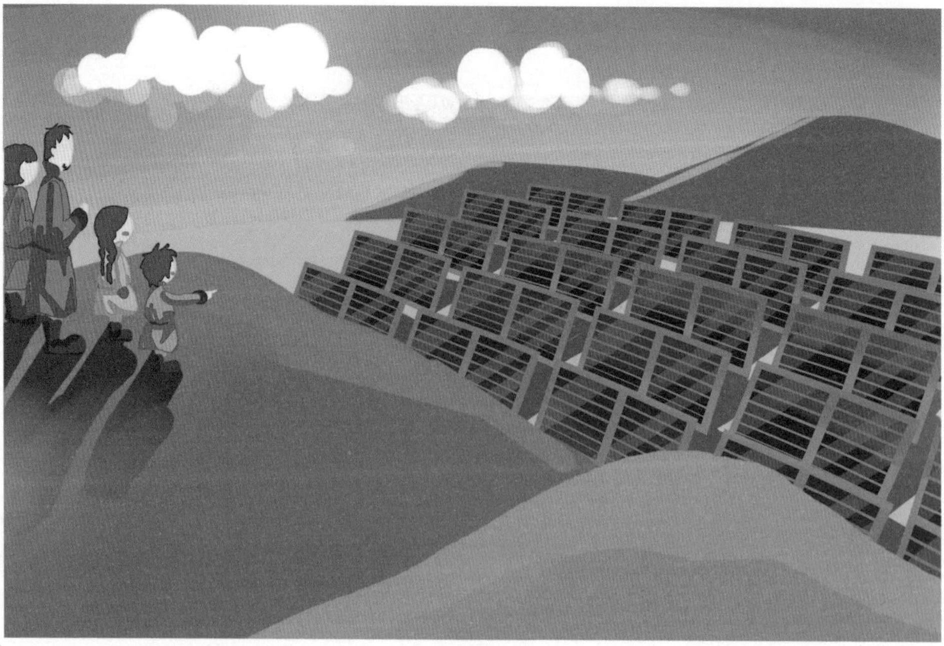

“叔叔，我还听说过太阳能光热发电呢！它与光伏发电有区别吗？”塔拉问道。

“当然有区别喽！虽然都是发电，却是利用太阳能的两种途径：一种是光能－电能转换，另一种是热能－机械能－电能转换。太阳能光伏发电是将太阳光能直接转换为电能，产生的是直流电，需要转化才可以获得交流电，但是它的应用范围很广，大到太阳能光伏发电站，小到一个玩具都能利用太阳能光伏发电。”

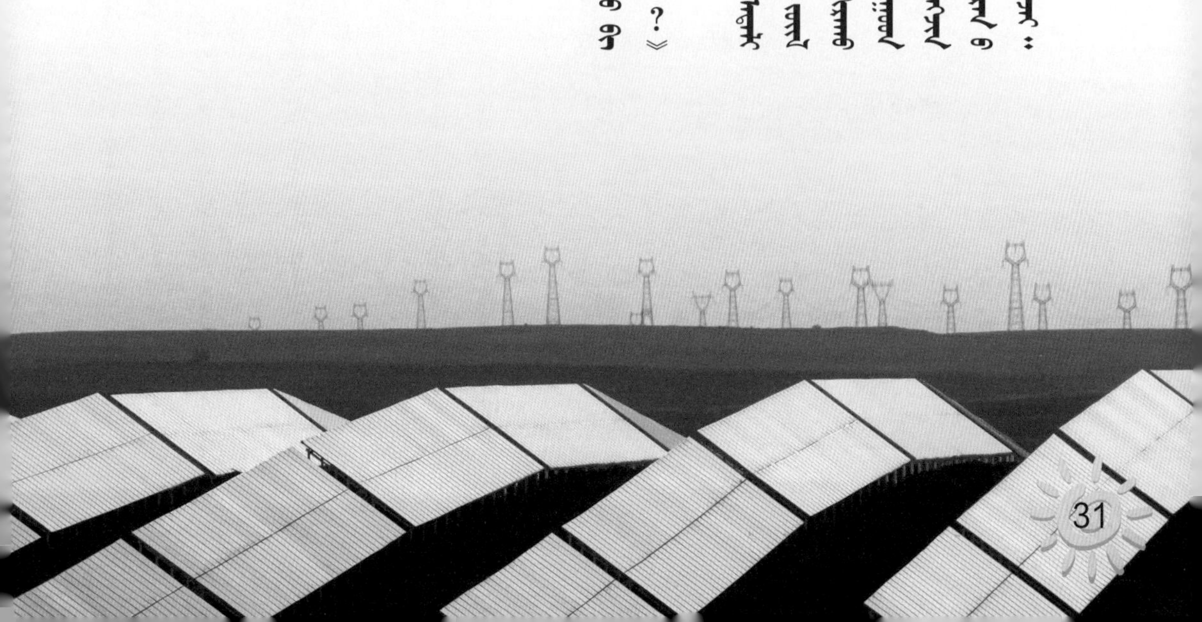

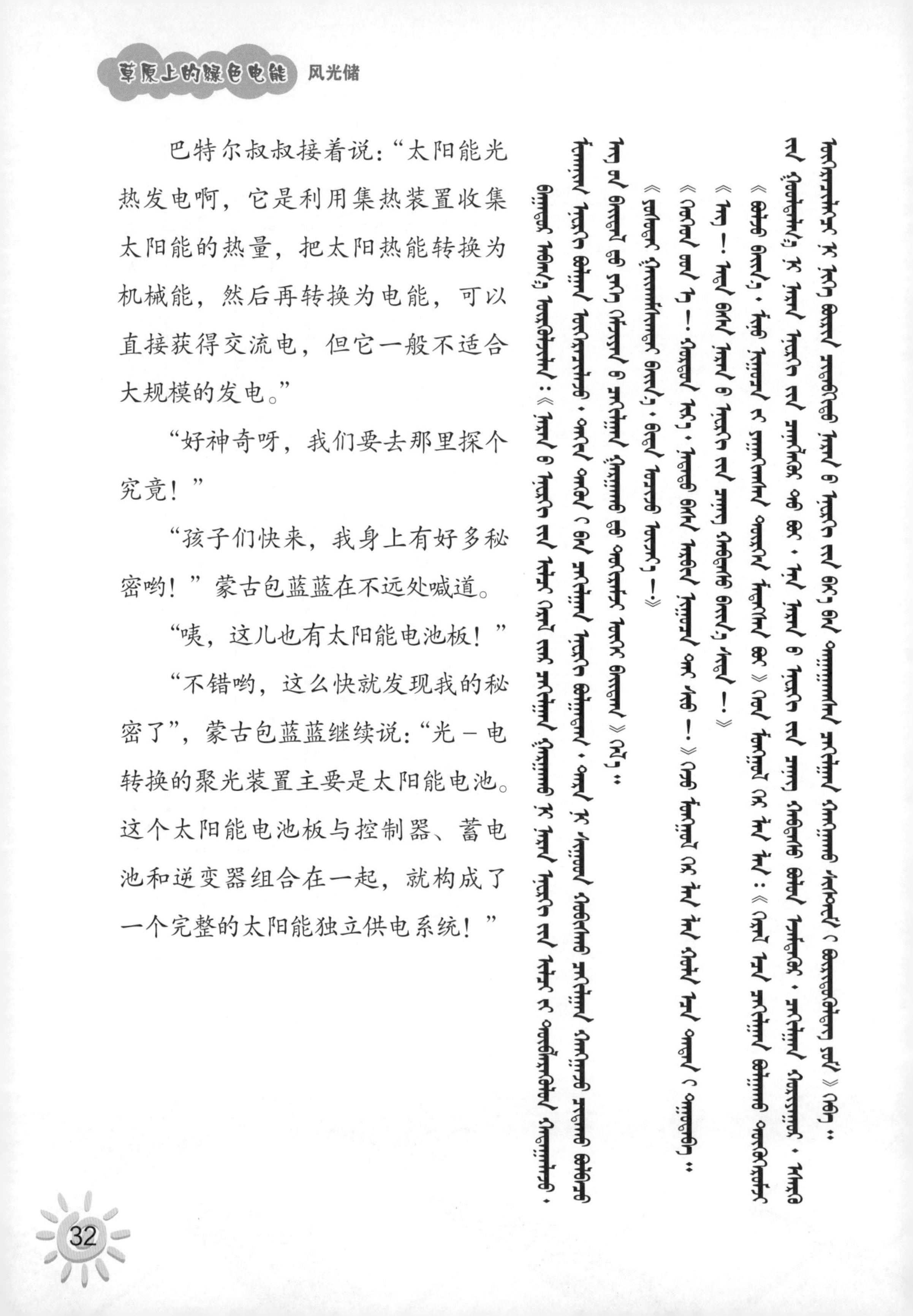

巴特尔叔叔接着说："太阳能光热发电啊，它是利用集热装置收集太阳能的热量，把太阳热能转换为机械能，然后再转换为电能，可以直接获得交流电，但它一般不适合大规模的发电。"

"好神奇呀，我们要去那里探个究竟！"

"孩子们快来，我身上有好多秘密哟！"蒙古包蓝蓝在不远处喊道。

"咦，这儿也有太阳能电池板！"

"不错哟，这么快就发现我的秘密了"，蒙古包蓝蓝继续说："光－电转换的聚光装置主要是太阳能电池。这个太阳能电池板与控制器、蓄电池和逆变器组合在一起，就构成了一个完整的太阳能独立供电系统！"

“储存在蓄电池里的电能有什么用处呢？”宝音抬头望着季爷爷问道。

“用处大了！当在没有光照的夜晚或阴雨天，蓄电池里的电能就可以继续为蒙古包蓝蓝提供电能了！”

“孩子们，我们该走啦！”乌日娜老师说道。

“再见蓝蓝，我们下次再来看你！”小朋友们继续踏上了去往太阳能发电站的路。

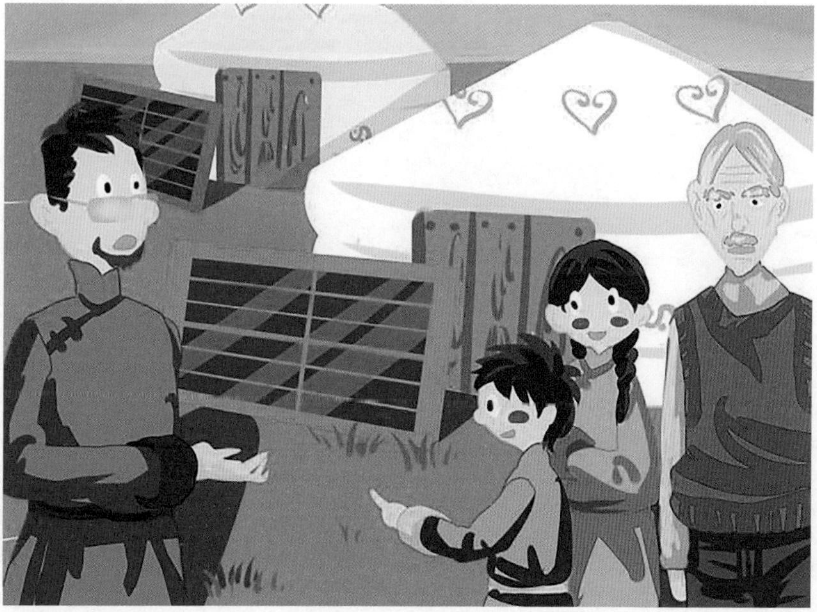

太阳能发电站

“参观太阳能发电站，我们要注意些什么呢？”乌日娜老师时时不忘安全注意事项。

“参观时需要戴安全帽。”塔拉抢着回答。“塔拉说得对，另外，跟风电场一样，没有发电站工作人员的许可，我们不能靠近太阳能电池板、逆变器、变压器等装备，雷雨天更要注意安全！”乌日娜老师补充道。

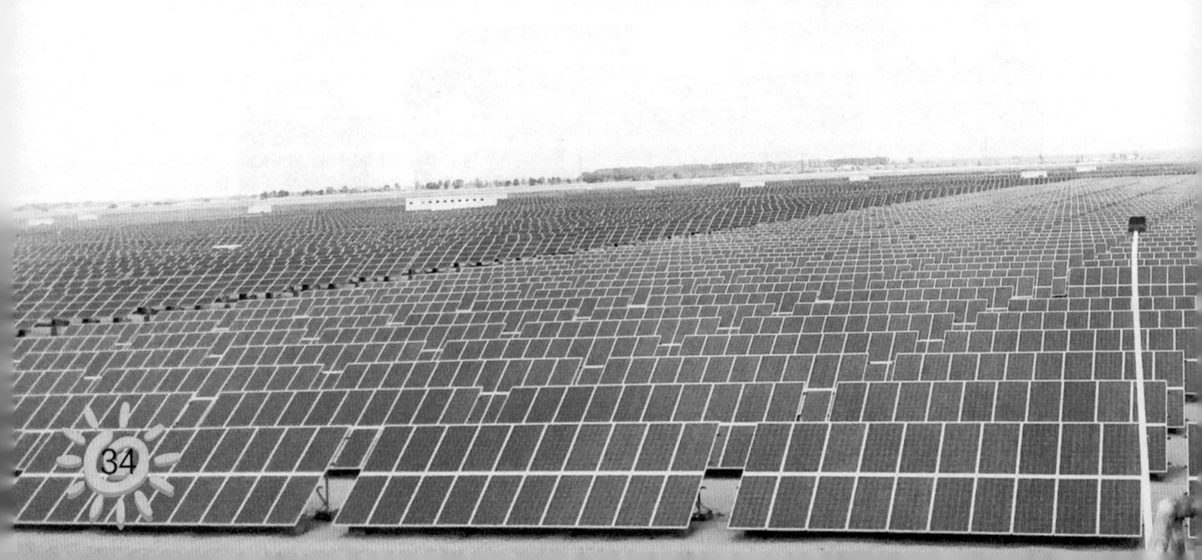

“咦，这么大的太阳能光伏发电站，跟刚才我们遇见的蒙古包蓝蓝发电原理一样吗？”塔拉问。

巴特尔叔叔解释说：“其实太阳能光伏发电的基本原理都是一样的，太阳能光伏发电系统的构成都少不了最主要的几个部分，分别是太阳能电池组件、蓄电池组、控制器、逆变器和电缆。”

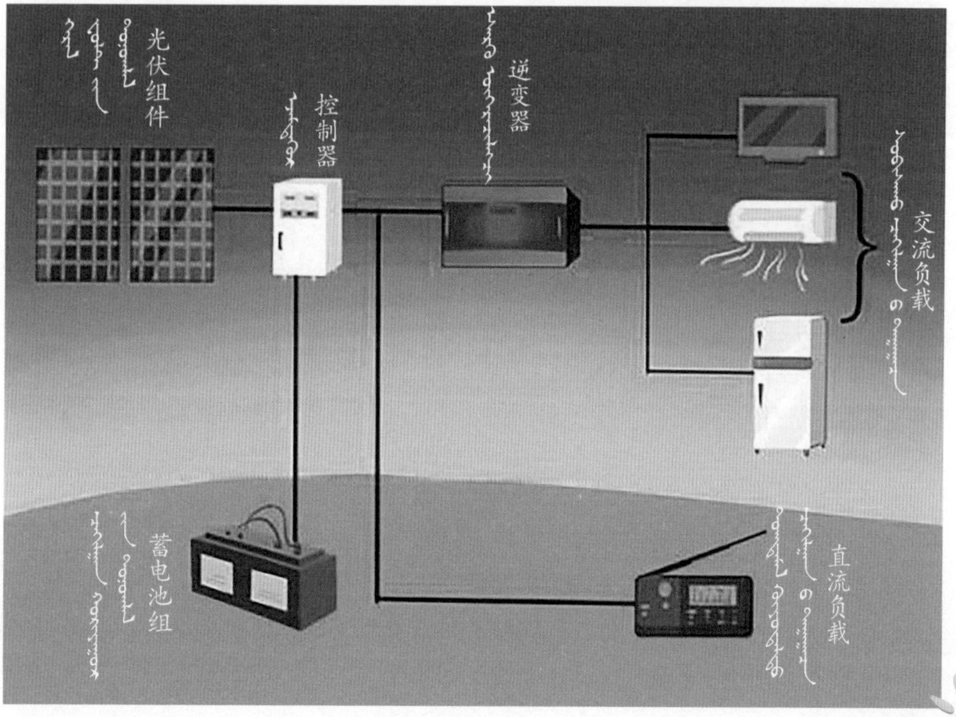

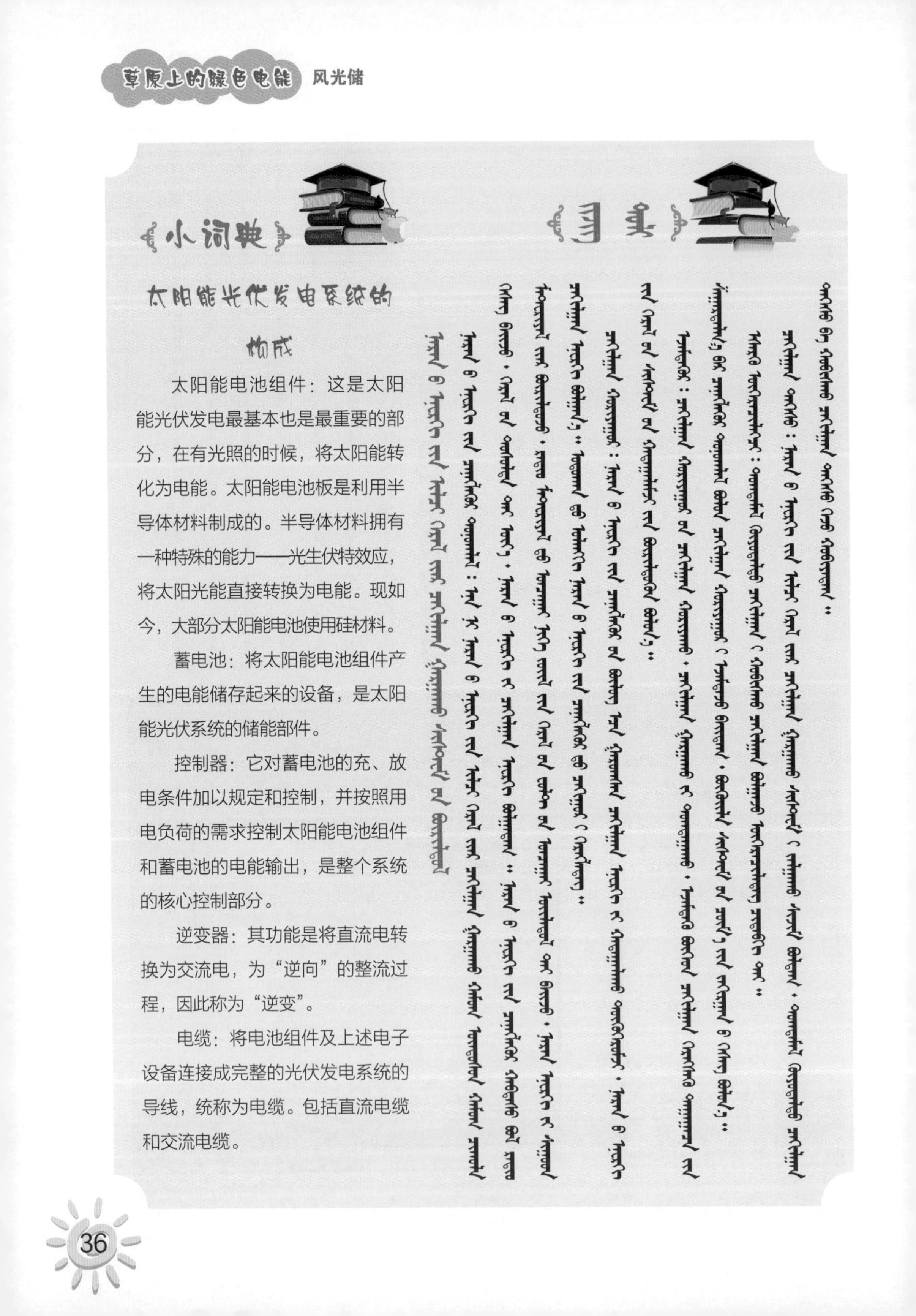

小词典

太阳能光伏发电系统的构成

太阳能电池组件：这是太阳能光伏发电最基本也是最重要的部分，在有光照的时候，将太阳能转化为电能。太阳能电池板是利用半导体材料制成的。半导体材料拥有一种特殊的能力——光生伏特效应，将太阳光能直接转换为电能。现如今，大部分太阳能电池使用硅材料。

蓄电池：将太阳能电池组件产生的电能储存起来的设备，是太阳能光伏系统的储能部件。

控制器：它对蓄电池的充、放电条件加以规定和控制，并按照用电负荷的需求控制太阳能电池组件和蓄电池的电能输出，是整个系统的核心控制部分。

逆变器：其功能是将直流电转换为交流电，为“逆向”的整流过程，因此称为“逆变”。

电缆：将电池组件及上述电子设备连接成完整的光伏发电系统的导线，统称为电缆。包括直流电缆和交流电缆。

“这些太阳能电池板排列的整整齐齐，有什么讲究吗？”塔拉有了疑问。

季爷爷解释道：“当然了，太阳能光伏电站中，电池阵列的布置非常重要，如果安装不妥，后排的太阳光就被前排挡住了，这对电站的工作效率有很大的影响呢！”

“呀，这些太阳能电池板好像都是一直朝向太阳的。”宝音嘟囔着。

“像向日葵一样！”塔拉若有所思。

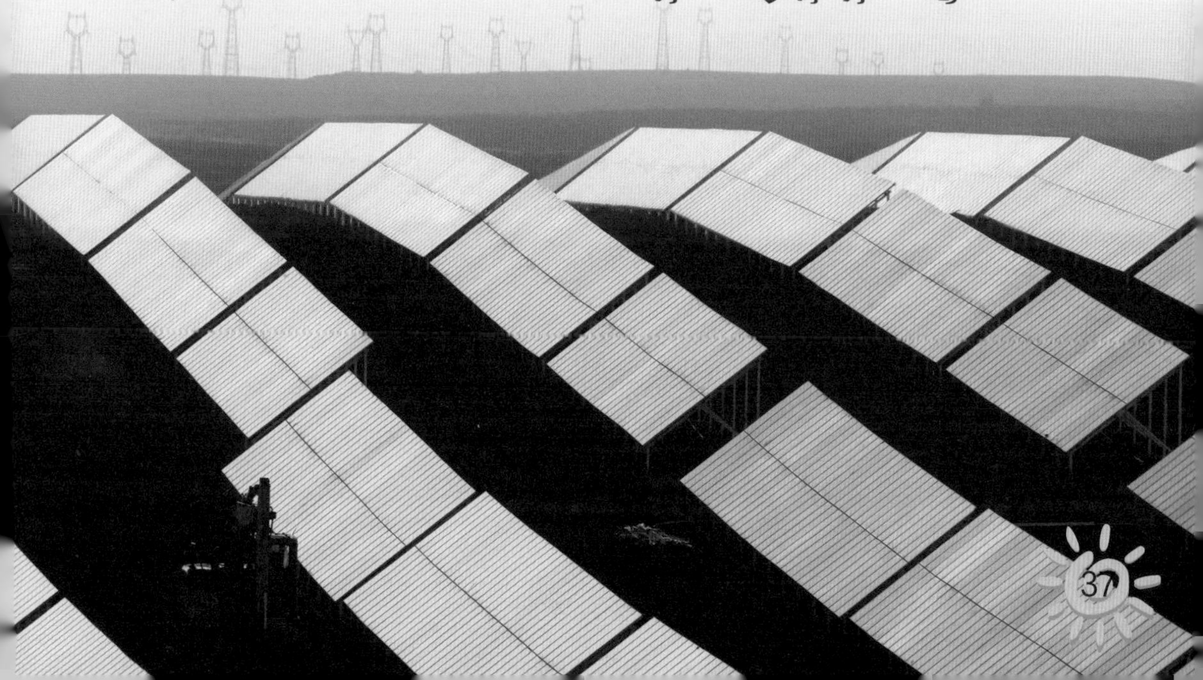

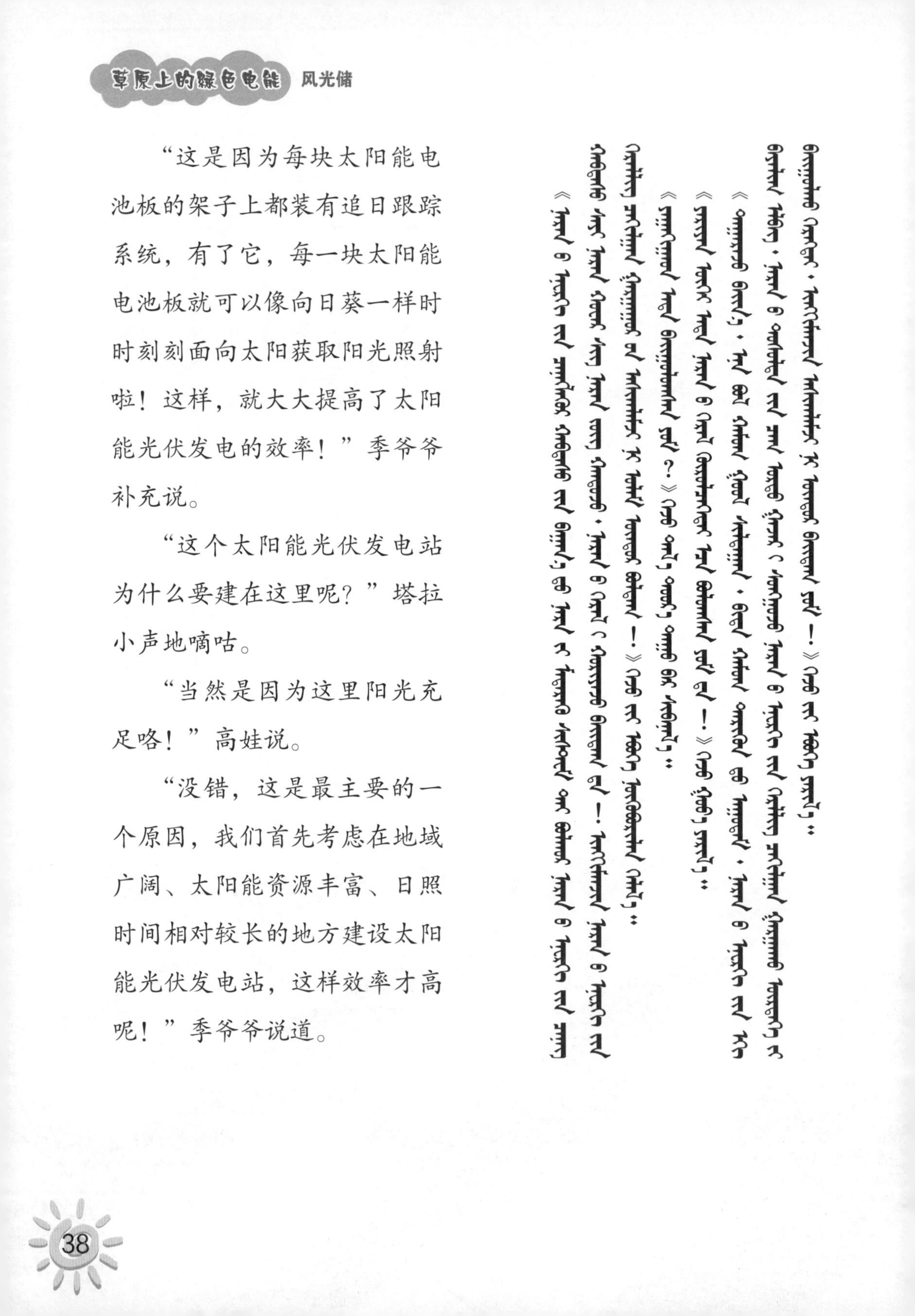

“这是因为每块太阳能电池板的架子上都装有追日跟踪系统，有了它，每一块太阳能电池板就可以像向日葵一样时时刻刻面向太阳获取阳光照射啦！这样，就大大提高了太阳能光伏发电的效率！”季爷爷补充说。

“这个太阳能光伏发电站为什么要建在这里呢？”塔拉小声地嘀咕。

“当然是因为这里阳光充足咯！”高娃说。

“没错，这是最主要的一个原因，我们首先考虑在地域广阔、太阳能资源丰富、日照时间相对较长的地方建设太阳能光伏发电站，这样效率才高呢！”季爷爷说道。

ᠰᠢᠦ!»

«ᠮᠠᠰᠢ ᠴᠤ ᠮᠠᠰᠢ ᠪᠠᠶᠠᠯᠢᠭ ᠪᠠᠶᠢᠨ᠎ᠠ!»

ᠨᠠᠷᠠᠨ ᠤ᠋ ᠡᠨᠡᠷᠭᠢ ᠠᠰᠢᠭᠯᠠᠯᠲᠠ ᠰᠢᠦ!»

ᠶᠠ ᠮᠠ ᠨᠠᠷᠠᠨ ᠤ᠋ ᠭᠡᠷᠡᠯ ᠮᠠᠰᠢ ᠬᠦᠴᠦᠲᠡᠢ ᠪᠣᠯᠬᠤ ᠪᠡᠷ ᠵᠢᠯ ᠦ᠋ᠨ ᠲᠤᠷᠰᠢ ᠪᠤᠷᠤᠭᠠ ᠴᠦᠭᠡᠨ ᠮᠡᠳᠦ ᠵᠢᠯ ᠦ᠋ᠨ ᠲᠤᠷᠰᠢ ᠨᠠᠷᠠ ᠭᠡᠷᠡᠯᠲᠡᠢ ᠴᠠᠭ ᠤ᠋ᠨ ᠬᠡᠮᠵᠢᠶ᠎ᠡ ᠤᠷᠲᠤ ᠪᠣᠯᠳᠠᠭ᠂ ᠨᠠᠷᠠᠨ ᠤ᠋ ᠡᠨᠡᠷᠭᠢ ᠪᠡᠷ ᠴᠠᠬᠢᠯᠭᠠᠨ ᠭᠠᠷᠭᠠᠬᠤ ᠬᠠᠮᠤᠭ ᠰᠠᠶᠢᠨ ᠣᠷᠣᠨ ᠪᠣᠯᠳᠠᠭ᠂ «ᠡᠩᠬᠦ ᠪᠠᠶᠢᠳᠠᠯ ᠲᠠᠢ ᠶᠤ?» ᠭᠡᠵᠦ ᠭᠠᠶᠢᠬᠠᠨ ᠠᠰᠠᠭᠤᠨ ᠠᠰᠠᠭᠤᠪᠠ᠃

ᠨᠠᠷᠠᠨ ᠤ᠋ ᠡᠨᠡᠷᠭᠢ ᠶᠢᠨ ᠴᠠᠬᠢᠯᠭᠠᠨ ᠭᠠᠷᠭᠠᠬᠤ ᠪᠠᠶᠢᠭᠤᠯᠤᠯᠭ᠎ᠠ ᠪᠠᠶᠢᠭᠤᠯᠬᠤ ᠳᠤ ᠲᠣᠬᠢᠷᠠᠮᠵᠢᠲᠠᠢ ᠪᠠᠶᠢᠨ᠎ᠠ ᠤᠤ ᠭᠡᠵᠦ ᠪᠠᠶᠠᠨ ᠤ᠋ ᠰᠢᠨ᠎ᠡ ᠰᠠᠨᠠᠭ᠎ᠠ ᠲᠥᠷᠥᠪᠡ: «ᠡᠩᠬᠦᠯ ᠭᠣᠪᠢ ᠳᠤ

听到这，宝音有了新想法："那沙漠岂不是很适合建设太阳能发电站啊？"

"没错，沙漠阳光非常充足，常年少雨，终年日照时间长，所以是利用太阳能发电的最佳区域哦！"

"原来是这样啊！"

"真是收获颇多的一天！"

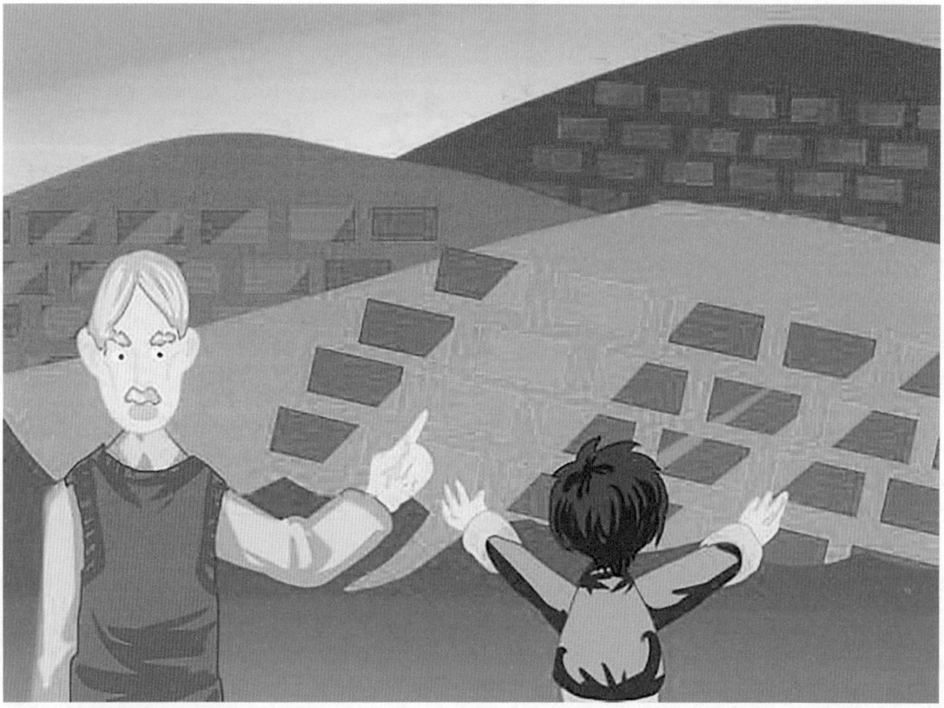

第三部分 储能技术

ᠭᠤᠷᠪᠠᠳᠤᠭᠠᠷ ᠬᠡᠰᠡᠭ ᠡᠨᠧᠷᠭᠢ ᠬᠠᠳᠠᠭᠠᠯᠠᠬᠤ ᠠᠷᠭ᠎ᠠ

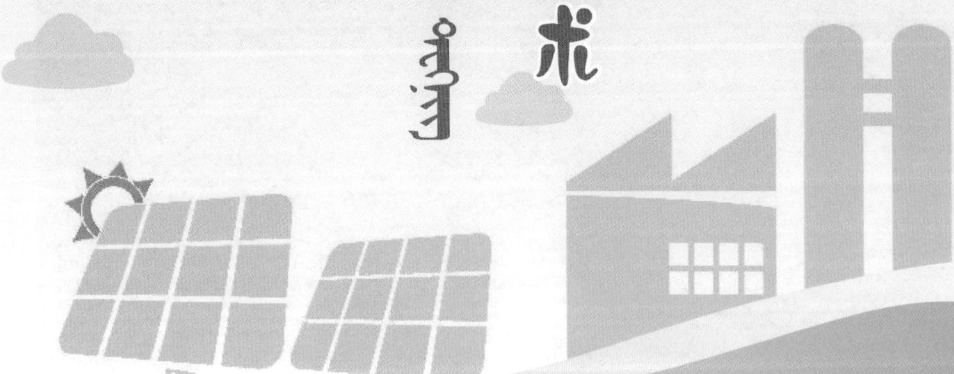

会储能的电池

太阳快要落山了，小朋友们恋恋不舍地坐上了返程的大巴车。大家看着窗外，夕阳挂在天边，把云彩、远处叠嶂的山峦和整个草原都染成了淡红色。不一会儿，沿途的路灯也亮了起来，与远处的星星交相辉映，大家都沉浸在这美丽的时刻。塔拉望望车窗外，又看

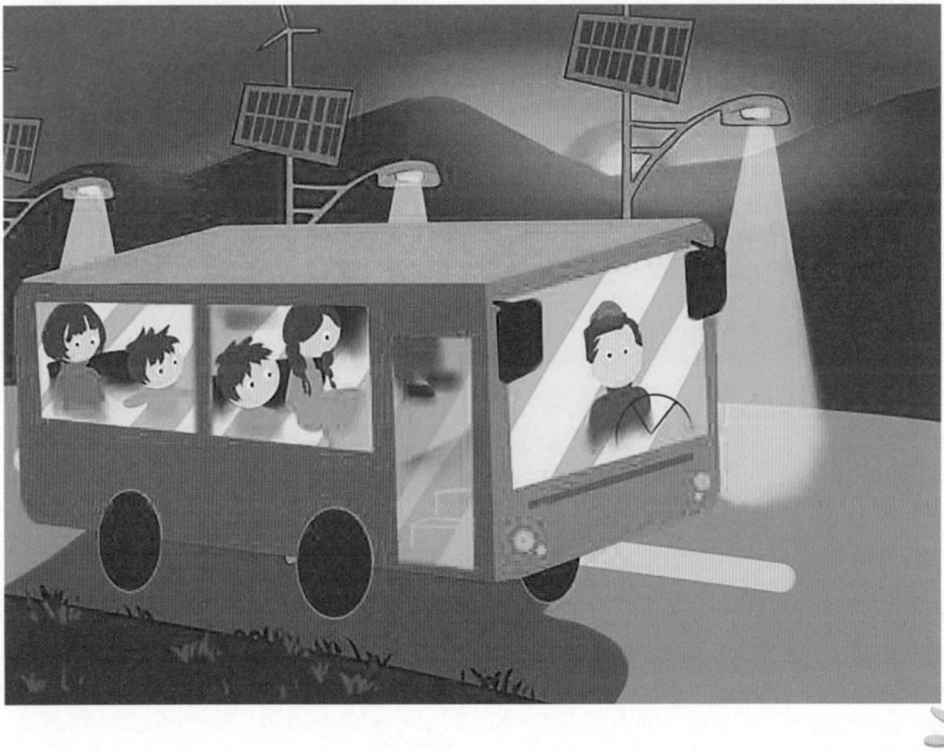

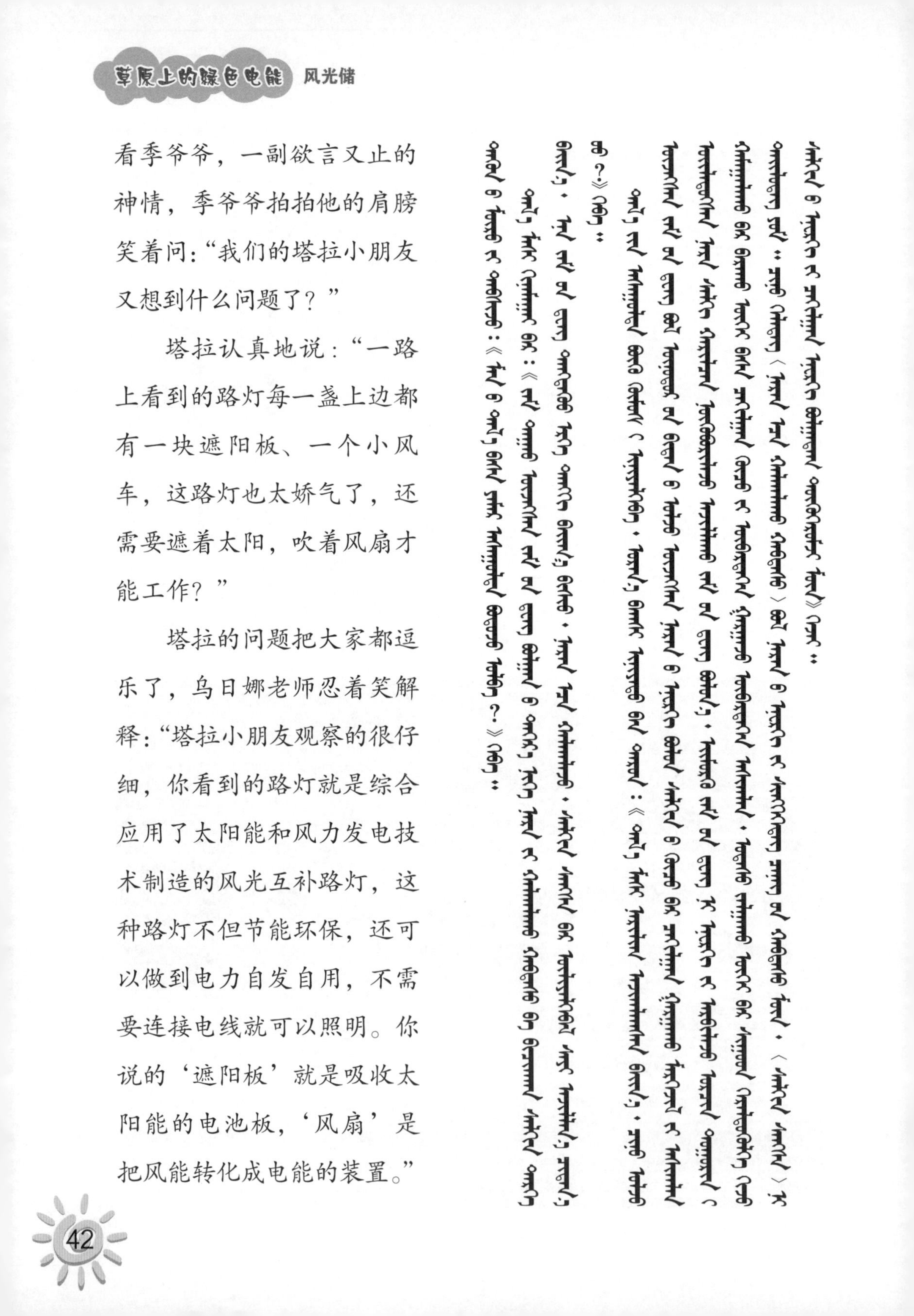

看季爷爷，一副欲言又止的神情，季爷爷拍拍他的肩膀笑着问："我们的塔拉小朋友又想到什么问题了？"

塔拉认真地说："一路上看到的路灯每一盏上边都有一块遮阳板、一个小风车，这路灯也太娇气了，还需要遮着太阳，吹着风扇才能工作？"

塔拉的问题把大家都逗乐了，乌日娜老师忍着笑解释："塔拉小朋友观察的很仔细，你看到的路灯就是综合应用了太阳能和风力发电技术制造的风光互补路灯，这种路灯不但节能环保，还可以做到电力自发自用，不需要连接电线就可以照明。你说的'遮阳板'就是吸收太阳能的电池板，'风扇'是把风能转化成电能的装置。"

塔拉还是疑惑地歪着脑袋，似乎还有不明白的东西，看着大家鼓励的眼神，塔拉指着窗外：“那如果到了晚上，也没有风，那么这一路上的风光互补路灯还能点亮吗？”

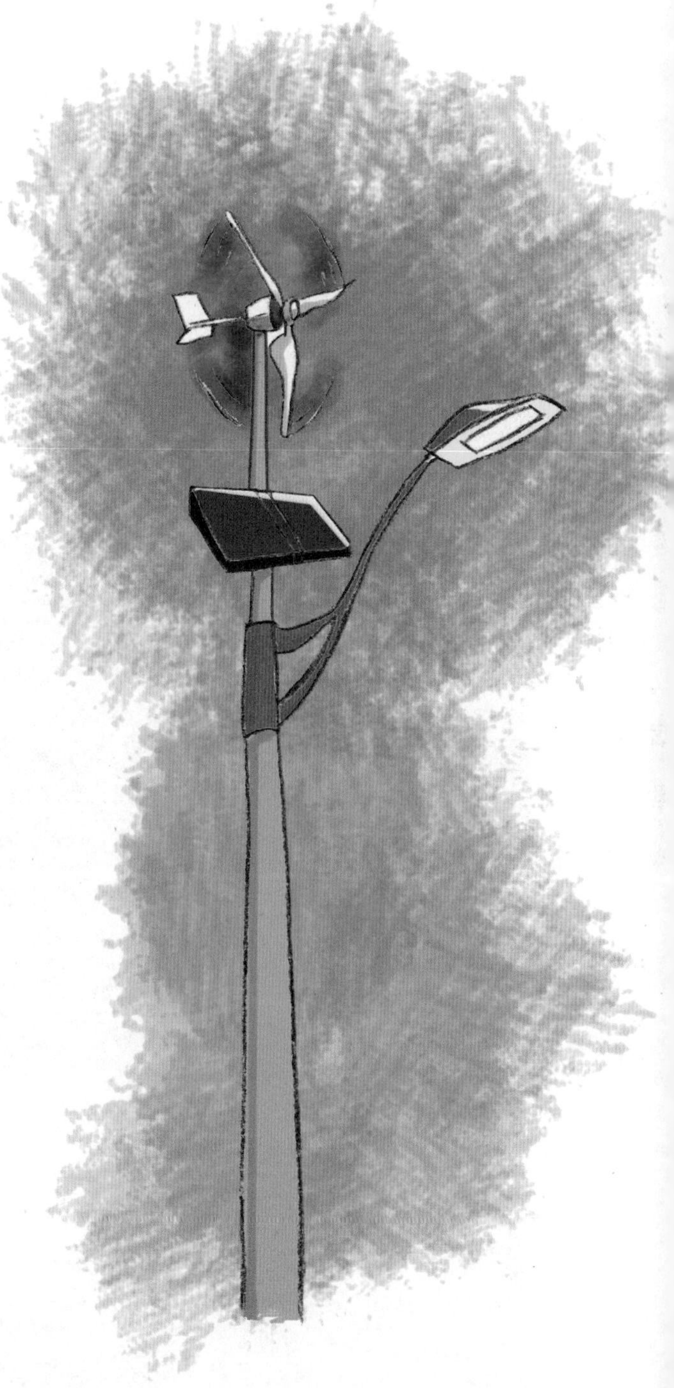

季爷爷赞许地点了点头："这个问题问得非常好！ 风停了风轮就没法转，天黑了或是太阳被乌云遮挡了，太阳能电池板就没法接收光的照射。要想在没有风的晚上让路灯一直亮着，就离不开储能技术了。"

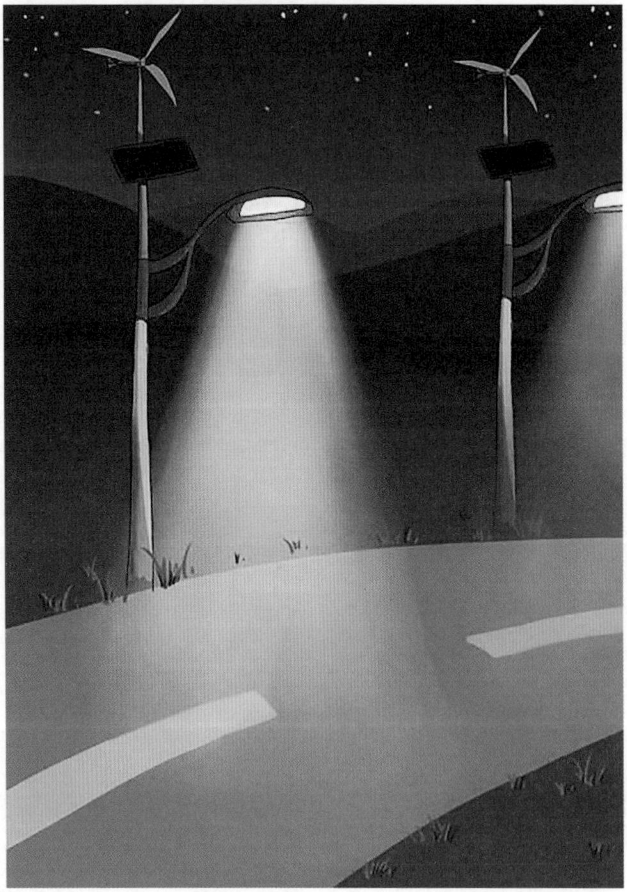

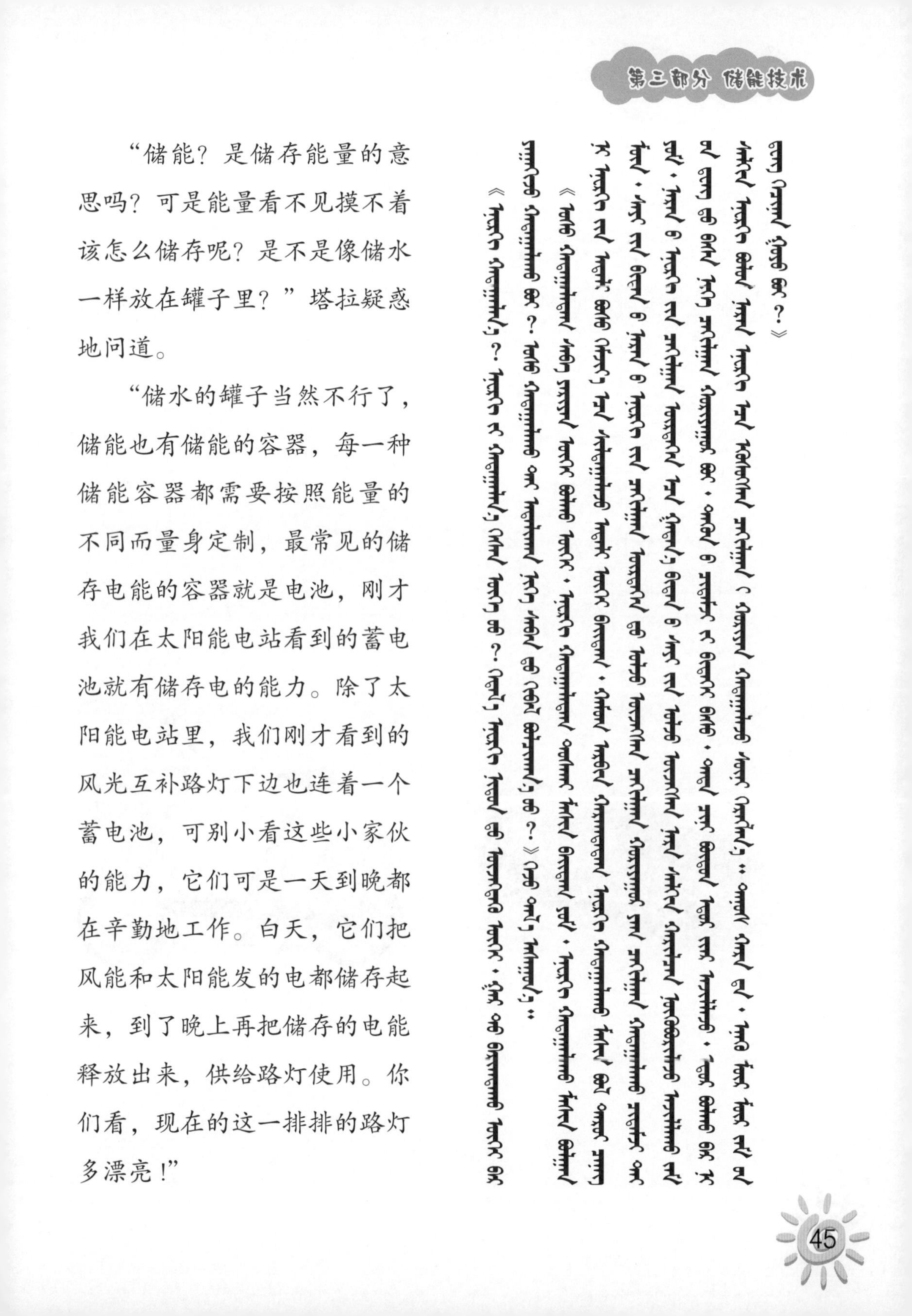

“储能？是储存能量的意思吗？可是能量看不见摸不着该怎么储存呢？是不是像储水一样放在罐子里？”塔拉疑惑地问道。

“储水的罐子当然不行了，储能也有储能的容器，每一种储能容器都需要按照能量的不同而量身定制，最常见的储存电能的容器就是电池，刚才我们在太阳能电站看到的蓄电池就有储存电的能力。除了太阳能电站里，我们刚才看到的风光互补路灯下边也连着一个蓄电池，可别小看这些小家伙的能力，它们可是一天到晚都在辛勤地工作。白天，它们把风能和太阳能发的电都储存起来，到了晚上再把储存的电能释放出来，供给路灯使用。你们看，现在的这一排排的路灯多漂亮！”

巴尔特叔叔补充道：“刚才小朋友们有没有看到路边的蒙古包旁边，也有类似路灯上的装置，这些装置也是利用小型风光互补发电机，配上一块蓄电池，然后供给牧民生活用电的。”

乌日娜老师接着说：“塔拉小朋友的问题大家都知道答案了，那我现在可要给小朋友们提问题了，大家仔细想一想，在我们的日常生活中见到的电池还有哪些呢？”

宝音抢答道：“我知道，手电筒、遥控器，还有爸爸给我买的遥控小汽车上都有！”

塔拉也不甘落后：“还有妈妈的手机、充电宝、电脑和她上下班骑的电动自行车上也有电池！”

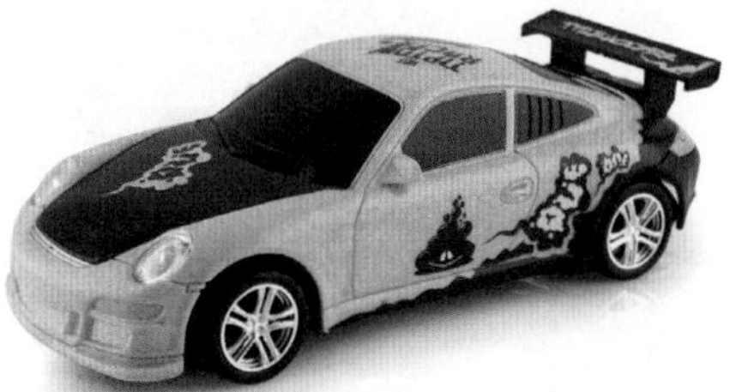

电动小汽车

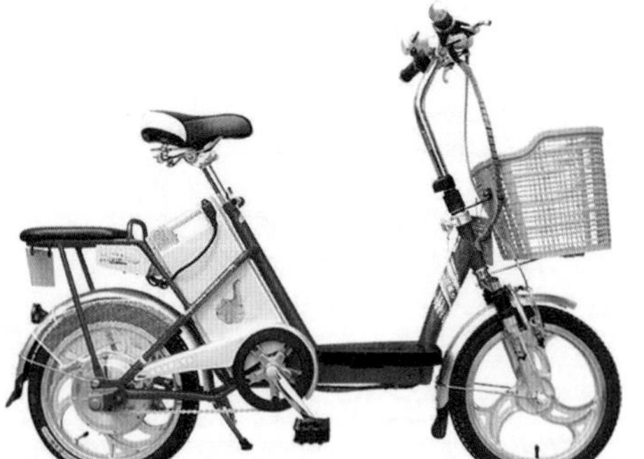

电动自行车

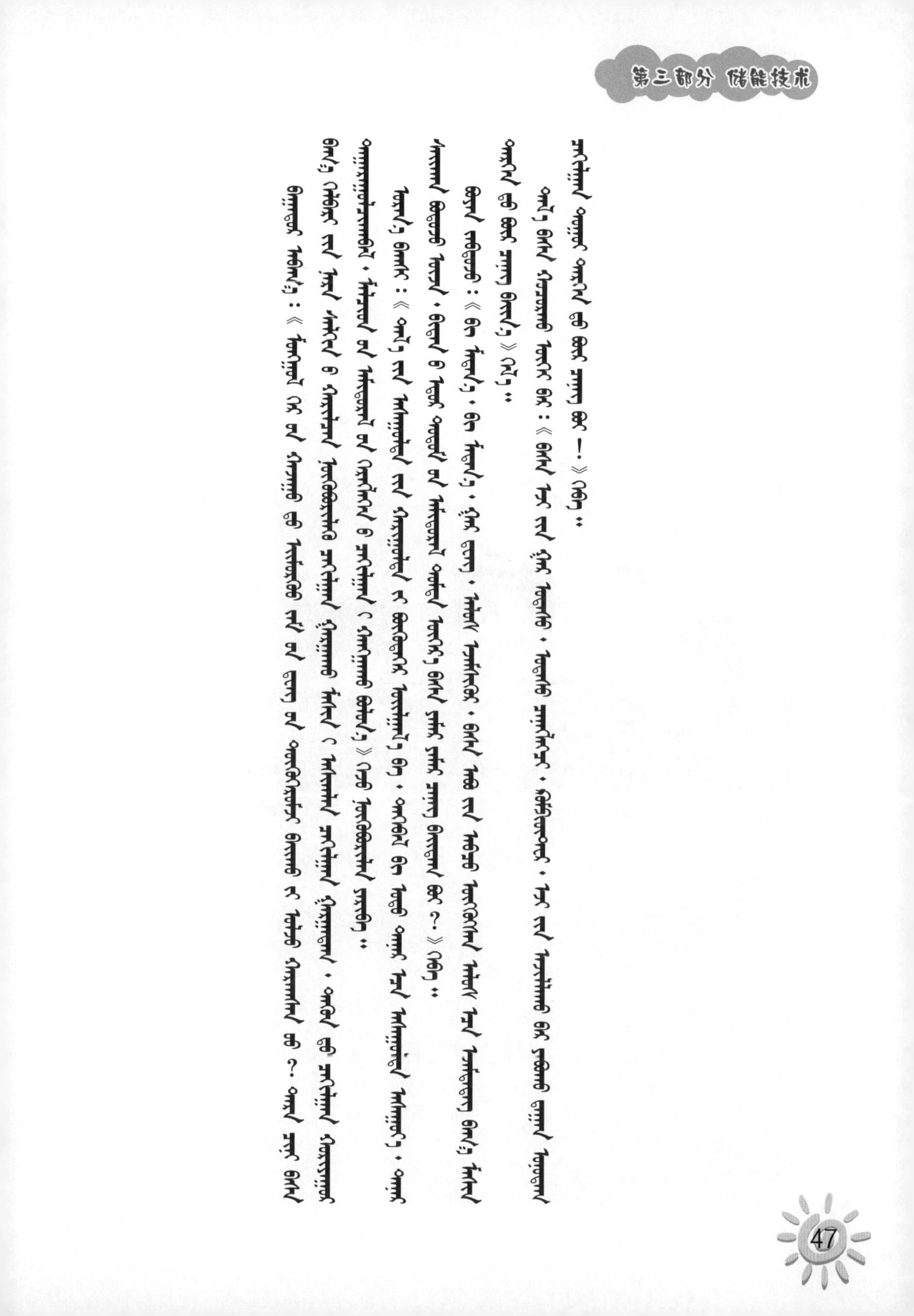

ᠪᠤ? 》 ᠭᠡᠪᠡ᠃
ᠵᠢ ᠶᠡᠭᠡ: 《ᠲᠠ ᠨᠠᠷ ᠪᠦᠬᠦ ᠮᠠᠰᠢ ᠰᠠᠶᠢᠨ
ᠬᠠᠷᠢᠭᠤᠯᠵᠠᠢ᠃
ᠲᠠ ᠪᠦᠬᠦᠨ ᠢ᠋ ᠠᠵᠢᠭᠯᠠᠪᠠ ᠤᠤ
《ᠣᠳᠣᠬᠠᠨ ᠤ᠋ ᠶᠠᠷᠢᠭᠰᠠᠨ ᠡᠳᠡᠭᠡᠷ ·
ᠶᠢᠨ ᠲᠤᠭ ᠪᠤᠢ? 》
ᠲᠦᠯᠢᠭᠡ ᠶᠢᠨ ᠬᠣᠣᠷᠤᠨᠳᠤ ᠶᠢᠨ ᠬᠠᠮᠤᠭ ᠶᠡᠬᠡ ᠯᠢᠭᠠ
ᠶᠠᠭᠤ ᠪᠤᠢ? ᠪᠣᠶᠠᠨ ᠲᠦᠷᠦᠭᠦᠯᠡᠵᠦ
《ᠳᠡᠯᠪᠡᠭᠡ ᠶᠢᠨ ᠬᠡᠮᠵᠢᠶ᠎ᠡ ᠪᠦᠬᠦ ᠦᠭᠡᠢ!

“你们回答得都非常好！大家发现了吗？刚才说的这些电池的最大区别在哪里？”

“它们的形状、大小都不一样！”宝音最先说道。

季爷爷问：“还有呢？”

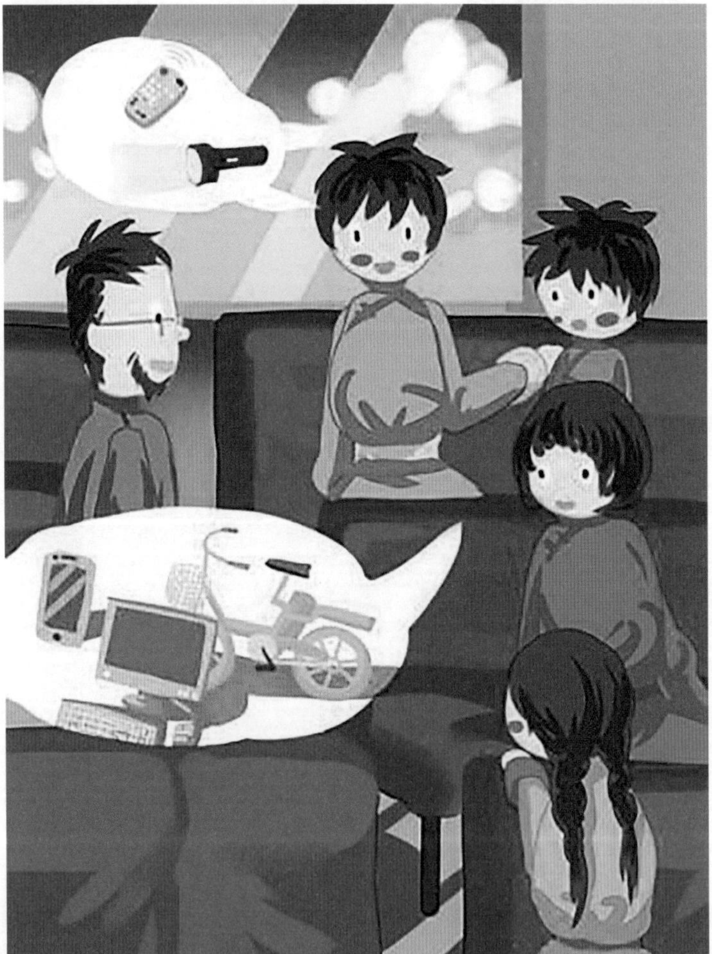

高娃说："宝音说的电池用完了电就不能用了；塔拉说的电池可以反复充电使用。""说得非常好。"季爷爷看着高娃赞许地说道："刚才宝音说的玩具汽车、手电里用的电池叫作原电池或一次电池。而刚才塔拉说的手机、电脑、电动自行车里的电池可以反复充电使用，这些电池叫作充电电池或二次电池、蓄电池，我们一般所说的储能用的电池都是充电电池。"

季爷爷一边说着一边掏出了手机，关了机，打开后盖，拿出了里面黑色长方形的电池。季爷爷继续说："这就是我们平时最常用的充电电池，它就是锂离子电池。让我们自己来制作一个水果电池，看看手机电池是怎样储存能量的，好不好？"

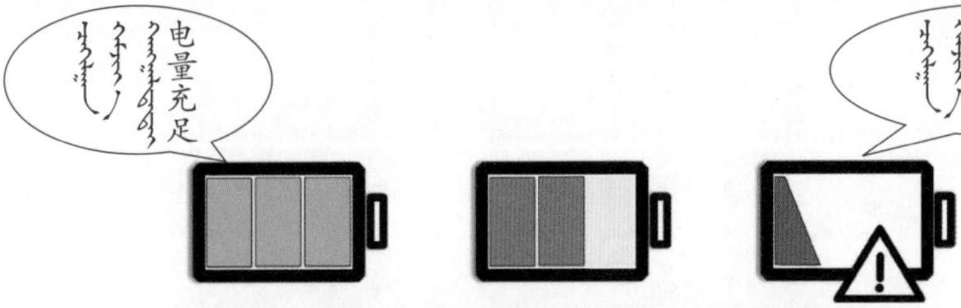

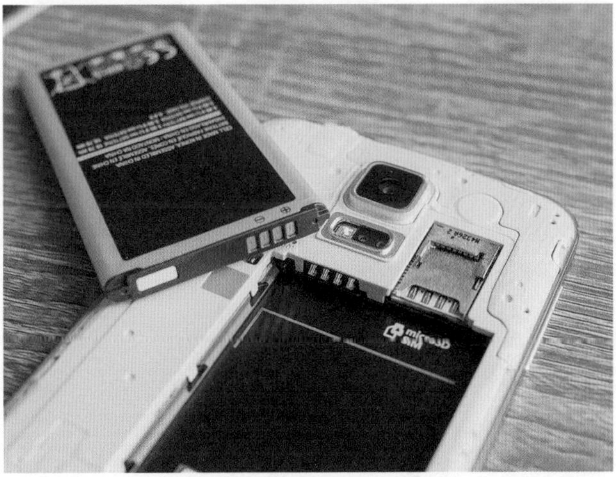

锂电池

ᠬᠠᠳᠠᠭᠠᠯᠠᠵᠤ ᠲᠠᠢ ᠴᠠᠬᠢᠯᠭᠠᠨ ᠢ ᠬᠡᠷᠬᠢᠨ ᠬᠠᠳᠠᠭᠠᠯᠠᠬᠤ ᠪᠠᠨ ᠰᠢᠯᠵᠢᠭᠦᠯᠦᠨ ᠬᠡᠷᠡᠭᠯᠡᠬᠦ ᠪᠣᠯᠣᠮᠵᠢ ᠲᠠᠢ ᠪᠣᠯᠭᠠᠬᠤ ᠬᠡᠷᠡᠭᠲᠡᠢ ᠂ ᠪᠣᠯᠣᠨ ᠤᠤ ? 》 ᠭᠡᠪᠡ ::

ᠬᠠᠷᠢᠭᠤᠯᠲᠠ ᠳᠤ : 《 ᠨᠠᠷᠠ ᠪᠤᠯ ᠮᠠᠰᠢ ᠪᠠᠭᠠᠨ ᠤ ᠬᠣᠭᠣᠯᠠᠢ ᠲᠠᠢ ᠬᠠᠳᠠᠭᠠᠯᠠᠬᠤ ᠴᠠᠬᠢᠯᠭᠠᠨ ᠲᠡᠢ ᠂ ᠰᠠᠯᠬᠢ ᠂ ᠨᠠᠷᠠ ᠪᠤᠯ ᠬᠡᠮᠡᠨ ᠴᠠᠬᠢᠯᠭᠠᠨ ᠂ ᠪᠠᠢᠭᠠ ᠬᠠᠳᠠᠭ ᠬᠠᠮᠢᠭ ᠰᠠᠬᠢᠬᠤ ᠳᠤ ᠴᠠᠬᠢᠯᠭᠠᠨ ᠭᠠᠷᠭᠠᠵᠤ ᠬᠠᠳᠠᠭᠠᠯᠠᠨ᠎ᠠ ᠂ ᠰᠠᠯᠬᠢ

ᠲᠠᠢ ᠨᠠᠷᠠᠲᠤ ᠡᠳᠦᠷ ᠲᠦ ᠮᠠᠰᠢ ᠰᠠᠢᠨ ᠬᠠᠳᠠᠭᠠᠯᠠᠬᠤ ᠪᠠᠨ ᠰᠠᠢᠵᠢᠷᠠᠭᠤᠯᠤᠨ᠎ᠠ ᠂ ᠬᠠᠳᠠᠭᠠᠯᠠᠬᠤ ᠪᠠᠨ ᠰᠢᠯᠵᠢᠭᠦᠯᠦᠨ ᠂ ᠰᠢᠯᠵᠢᠭᠦᠯᠬᠦ ᠴᠠᠬᠢᠯᠭᠠᠨ ᠢ ᠪᠠᠷᠢᠵᠤ ᠂ ᠰᠠᠯᠬᠢ ᠨᠠᠷᠠᠨ ᠤ ᠮᠠᠰᠢ ᠬᠠᠳᠠᠭᠠᠯᠠᠬᠤ ᠴᠠᠬᠢᠯᠭᠠᠨ ᠢ ᠬᠣᠯᠪᠣᠨ ᠬᠡᠷᠡᠭᠯᠡᠬᠦ ᠴᠠᠬᠢᠯᠭᠠᠨ ᠢ ᠭᠠᠷᠭᠠᠬᠤ ᠪᠣᠯᠣᠮᠵᠢ ᠲᠠᠢ 》 ᠭᠡᠪᠡ ::

ᠢ ᠬᠠᠳᠠᠭᠠᠯᠠᠯᠲᠠ ᠬᠡᠷᠡᠭᠯᠡᠭᠡᠨ ᠴᠠᠬᠢᠯᠭᠠᠨ ᠪᠣᠯᠣ ᠰᠢᠯᠵᠢᠭᠦᠯᠦᠭᠰᠡᠨ ᠴᠠᠬᠢᠯᠭᠠᠨ ᠂ ᠬᠠᠳᠠᠭᠠᠯᠠᠯᠲᠠ ᠰᠢᠯᠵᠢᠭᠦᠯᠦᠯᠲᠡ ᠴᠠᠬᠢᠯᠭᠠᠨ ᠭᠠᠷᠭᠠ ᠂ ᠨᠠᠷᠠ ᠪᠠᠨ ᠬᠣᠭᠣᠯᠠᠢ ᠲᠠᠢ ᠭᠠᠷᠭᠠᠨ ᠬᠠᠳᠠᠭᠠᠯᠠᠬᠤ ᠰᠢᠯᠵᠢᠭᠦᠯᠦᠯᠲᠡ ᠴᠠᠬᠢᠯᠭᠠᠨ ᠢ

ᠳᠤ ᠰᠠᠯᠬᠢ ᠴᠠᠬᠢᠯᠭᠠᠨ ᠭᠠᠷᠤᠨ ᠪᠣᠯᠣᠨ ᠬᠡᠷᠡᠭᠯᠡᠨ ᠬᠠᠳᠠᠭᠠᠯᠠᠨ ᠬᠡᠷᠡᠭᠯᠡᠭᠡᠨ ᠴᠠᠬᠢᠯᠭᠠᠨ ᠭᠠᠷᠭᠠᠨ ᠭᠠᠷᠭᠠᠨ ᠂ ᠮᠠᠰᠢ ᠲᠠᠢ ᠭᠠᠷᠭᠠᠯᠲᠠ ᠰᠠᠢᠨ ᠬᠠᠳᠠᠭᠠᠯᠠᠬᠤ ᠂ ᠪᠠᠲᠤᠯᠠᠭᠳᠠᠨ᠎ᠠ ᠂ ᠬᠠᠳᠠᠭᠠᠯᠠᠯᠲᠠ ᠮᠠᠰᠢ ᠮᠠᠭᠠᠳ ᠤᠨ ᠬᠡᠷᠡᠭᠯᠡᠭᠡᠨ

ᠭᠠᠷᠭᠠᠭᠰᠠᠨ ᠮᠡᠳᠡᠭᠳᠡᠨ᠎ᠡ 》 ᠭᠡᠵᠦ :: 《 ᠰᠠᠯᠬᠢ ᠨᠠᠷᠠᠨ ᠬᠠᠳᠠᠭᠠᠯᠠᠨ 》 ᠭᠡᠳᠡᠭ ᠲᠠᠢ ᠰᠠᠢᠨ ᠪᠣᠯᠣᠨ ᠳᠤ ᠰᠢᠨᠵᠢᠯᠡᠭᠡᠨ ᠲᠡᠢ : 《 ᠪᠠᠭᠠ ᠤᠨ ᠭᠠᠷᠭᠠᠯᠲᠠ ᠰᠢᠨᠵᠢᠯᠡᠭᠡᠨ ᠳᠤ ᠰᠠᠯᠬᠢ ᠂ ᠪᠠᠢᠭᠠ ᠬᠡᠷᠡᠭ ᠬᠡᠷᠬᠢᠨ

ᠪᠣᠯᠣᠨ᠎ᠠ : 《 ᠪᠠᠭᠠ ᠤᠨ ᠭᠠᠷᠭᠠᠯᠲᠠ ᠴᠠᠬᠢᠯᠭᠠᠨ ᠢ ᠬᠡᠷᠡᠭᠯᠡᠭᠡᠨ ᠪᠣᠯᠣᠮᠵᠢ ᠮᠡᠳᠡᠭ ᠬᠡᠷᠡᠭᠯᠡᠭᠰᠡᠨ ᠮᠡᠳᠡᠭᠳᠡᠬᠦ ᠬᠡᠮᠡᠨ ᠪᠣᠯᠬᠤ ᠳᠤᠭᠠᠷ ᠵᠢᠨ ᠂ ᠮᠠᠰᠢ ᠲᠠᠢ ᠭᠠᠷᠭᠠᠯᠲᠠ ᠴᠠᠬᠢᠯᠭᠠᠨ ᠢ ᠮᠠᠰᠢ ᠮᠡᠳᠡᠭᠳᠡᠨ

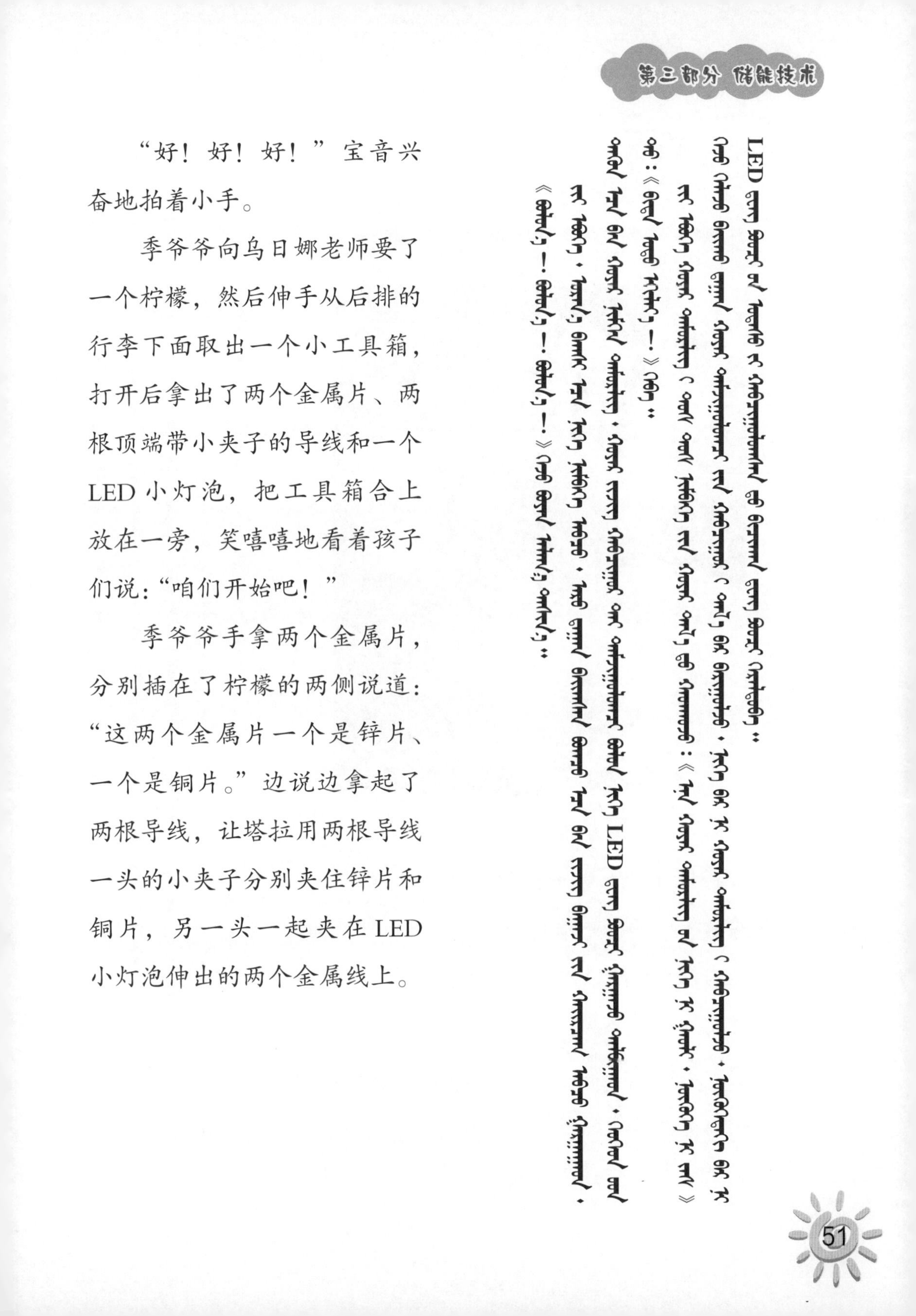

“好！好！好！”宝音兴奋地拍着小手。

季爷爷向乌日娜老师要了一个柠檬，然后伸手从后排的行李下面取出一个小工具箱，打开后拿出了两个金属片、两根顶端带小夹子的导线和一个 LED 小灯泡，把工具箱合上放在一旁，笑嘻嘻地看着孩子们说：“咱们开始吧！”

季爷爷手拿两个金属片，分别插在了柠檬的两侧说道：“这两个金属片一个是锌片、一个是铜片。”边说边拿起了两根导线，让塔拉用两根导线一头的小夹子分别夹住锌片和铜片，另一头一起夹在 LED 小灯泡伸出的两个金属线上。

小灯泡微微亮了起来！

“哇！好神奇！”孩子们拍手叫好。

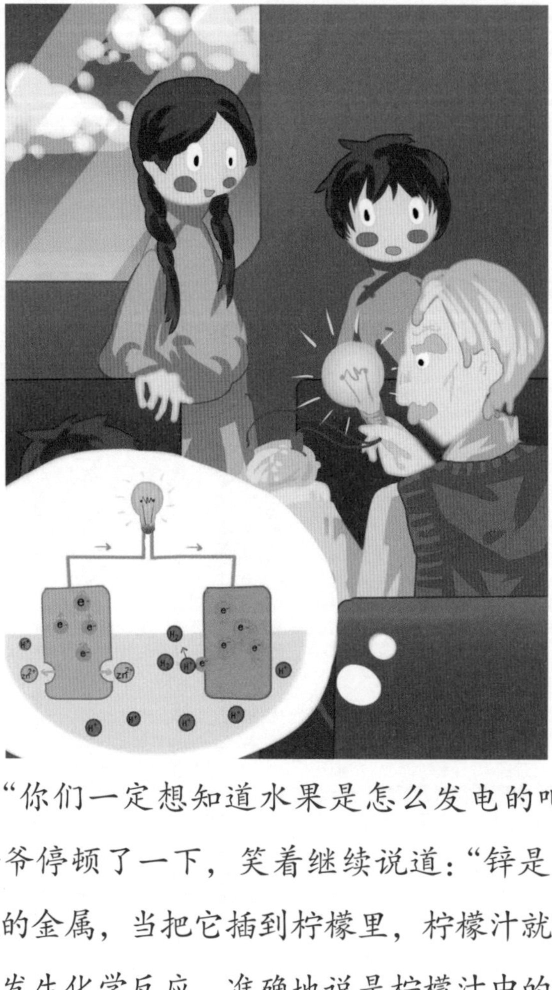

“你们一定想知道水果是怎么发电的吧？”季爷爷停顿了一下，笑着继续说道：“锌是一种活跃的金属，当把它插到柠檬里，柠檬汁就会与锌片发生化学反应，准确地说是柠檬汁中的氢离子与锌发生化学反应，释放出了电子，这时候如果把它和铜连接起来，电子就都从锌片跑到了铜片上，电子流过导线就有了电流，小灯泡就能亮啦！”季爷爷说完，笑着看着孩子们。

大家都在惊叹水果电池的神奇时，高娃又有了新问题，他继续追问季爷爷："季爷爷，那手机里的那块黑色电池的原理和刚才的水果电池一样吗？"

"从本质上说，它们的原理差不多。"季爷爷边说边拿起那块黑色的电池，继续说道："最大的区别是这种锂离子电池中的化学反应是可逆的。当我们把电池放进手机里，它的放电方式类似水果电池；当我们对它充电的时候，它内部的化学反应就反过来了，又能恢复成放电前的样子，这样就能反复使用了。"

巴特尔叔叔接过季爷爷的讲解继续解释道："充电电池的种类有很多，锂离子电池是目前在电子产品中应用最广的充电电池，目前绝大部分的手机、电脑、电动汽车用的都是它；铅酸电池是发明最早的充电电池，大部分的电动自行车、汽车里的电瓶用的就是它；钠硫电池和全钒液流电池一般用于大规模储能技术中，我们平常很少能见到。这些电池的名字都是根据电池用到的材料和化学反应起的。"

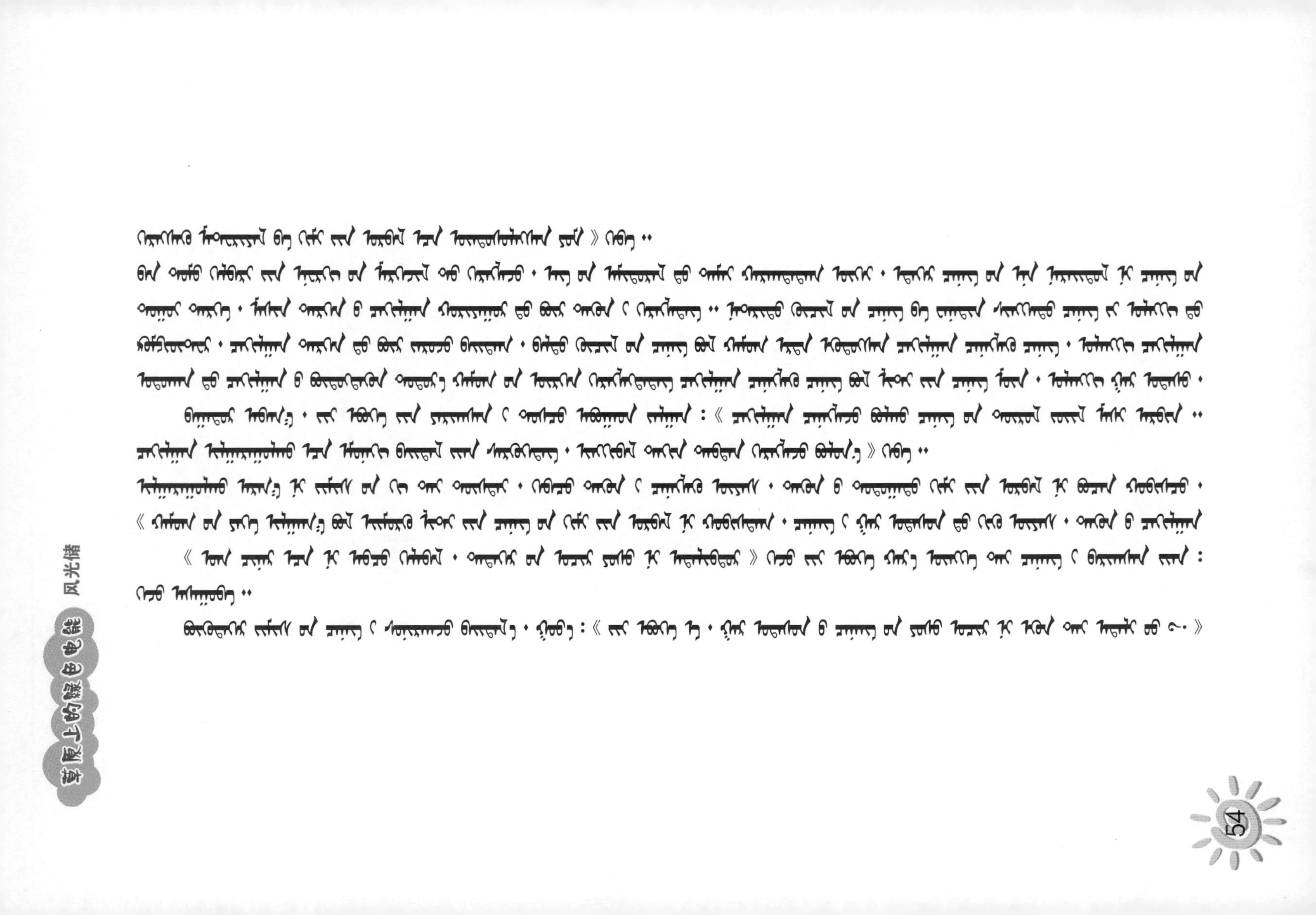

[illegible]

[illegible]

[illegible]

[illegible]

[illegible]

抽水蓄能电站

了解了神奇的水果电池、生活中用到的各种电池，大家感叹着储能技术发展使我们的生活变得更便捷和丰富多彩。

季爷爷又继续说道：“现阶段应用最广、最普遍的储能方式就是抽水蓄能了，目前全世界有百分之九十以上的大容量储能方式都是这种哦，它是机械类储能中的一种，你们听说过吗？”

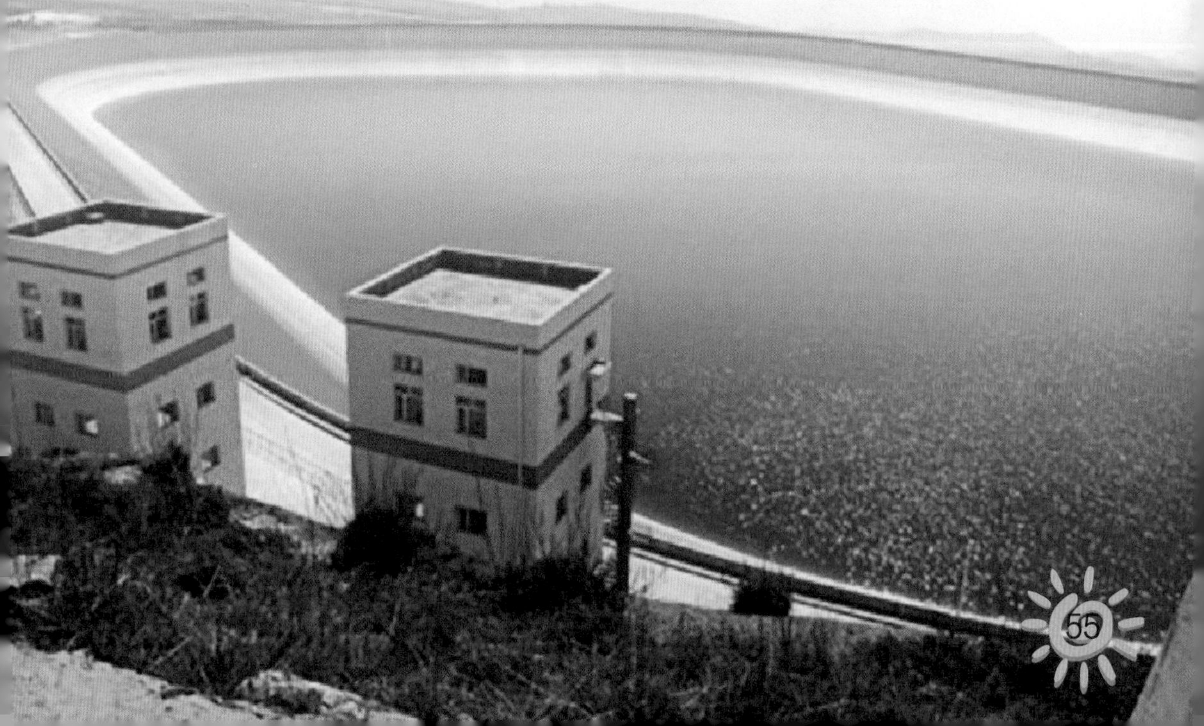

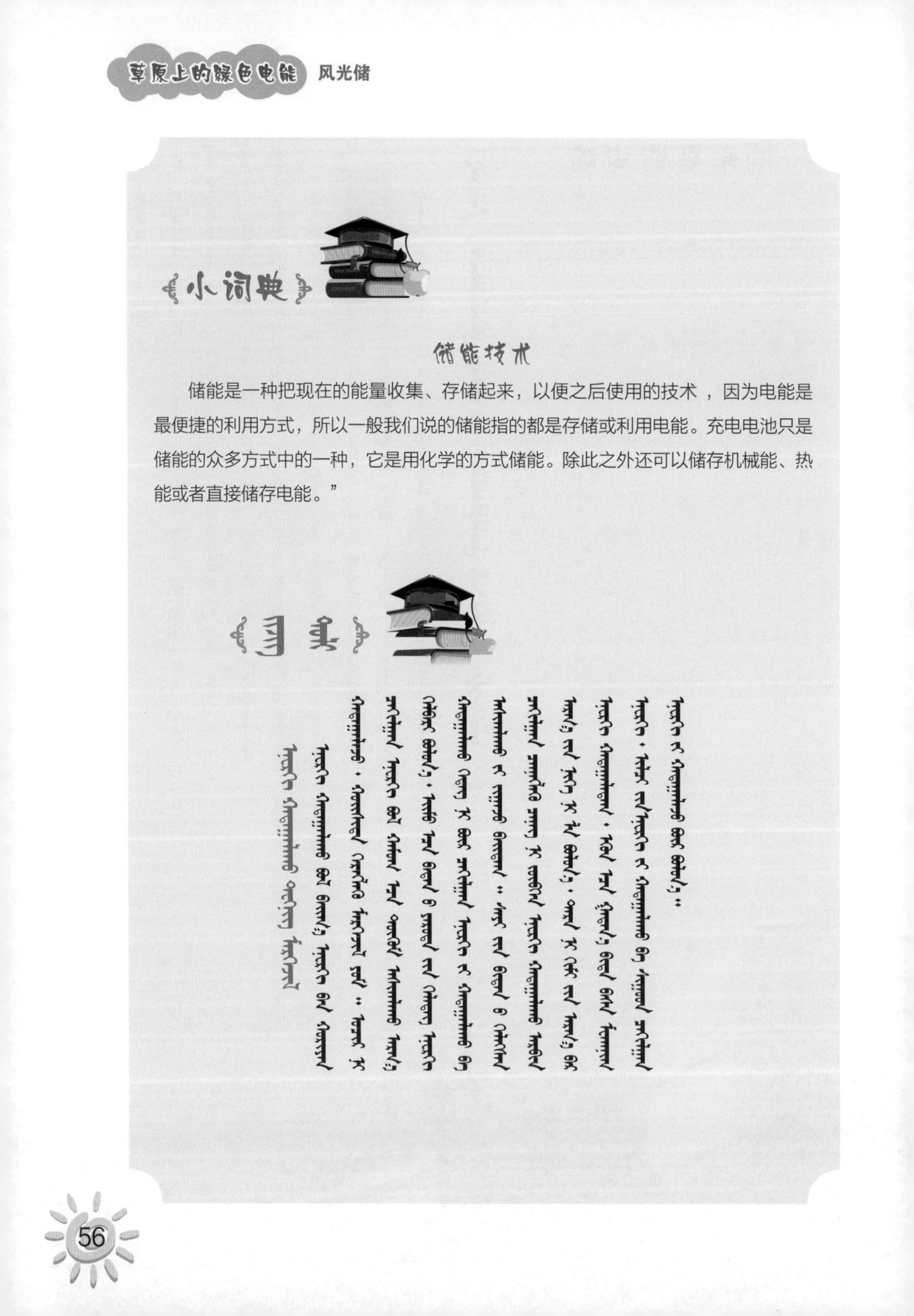

小词典

储能技术

储能是一种把现在的能量收集、存储起来，以便之后使用的技术 ，因为电能是最便捷的利用方式，所以一般我们说的储能指的都是存储或利用电能。充电电池只是储能的众多方式中的一种，它是用化学的方式储能。除此之外还可以储存机械能、热能或者直接储存电能。”

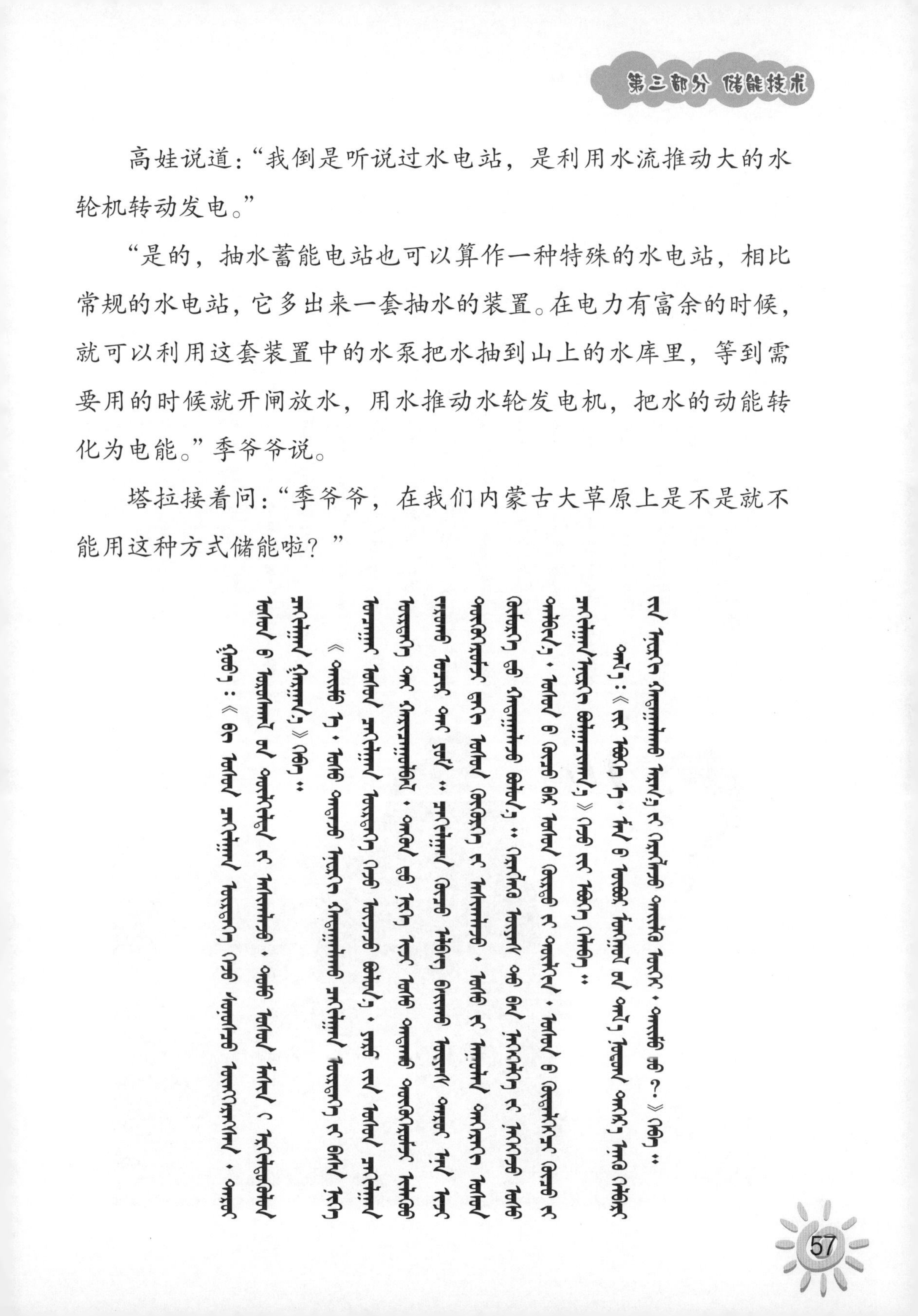

高娃说道："我倒是听说过水电站，是利用水流推动大的水轮机转动发电。"

"是的，抽水蓄能电站也可以算作一种特殊的水电站，相比常规的水电站，它多出来一套抽水的装置。在电力有富余的时候，就可以利用这套装置中的水泵把水抽到山上的水库里，等到需要用的时候就开闸放水，用水推动水轮发电机，把水的动能转化为电能。"季爷爷说。

塔拉接着问："季爷爷，在我们内蒙古大草原上是不是就不能用这种方式储能啦？"

“其实，在我们内蒙古的大青山上就有一座抽水蓄能电站——呼和浩特抽水蓄能电站，装机容量120万千瓦，这是我们内蒙古第一座抽水蓄能电站，也是内蒙古最大的抽水蓄能电站啦。”

“那抽水蓄能电站一定有它的特殊用途吧！”高娃若有所思地说道。

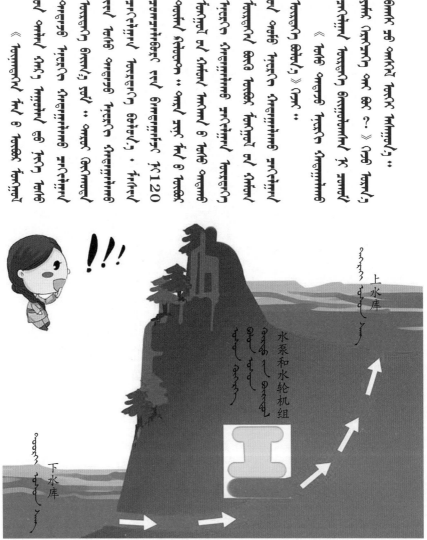

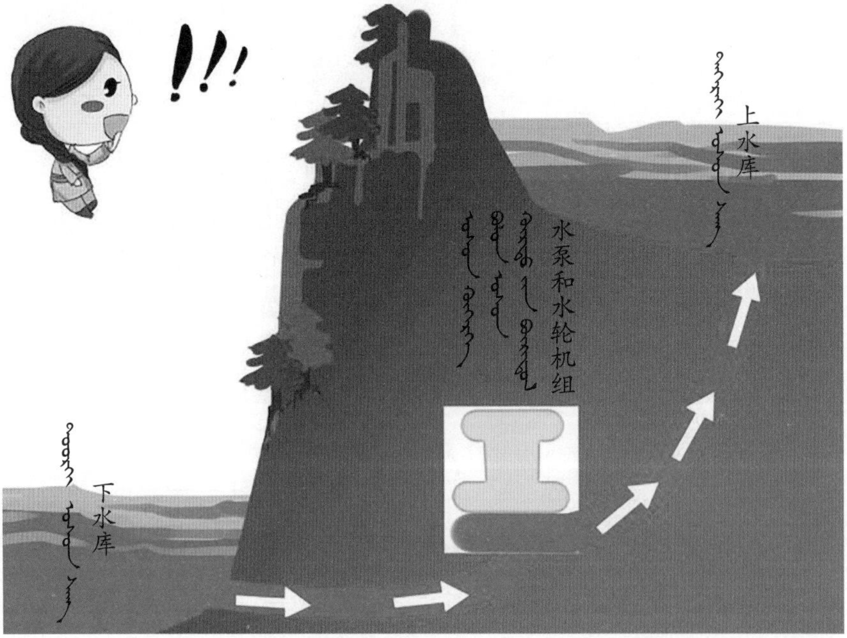

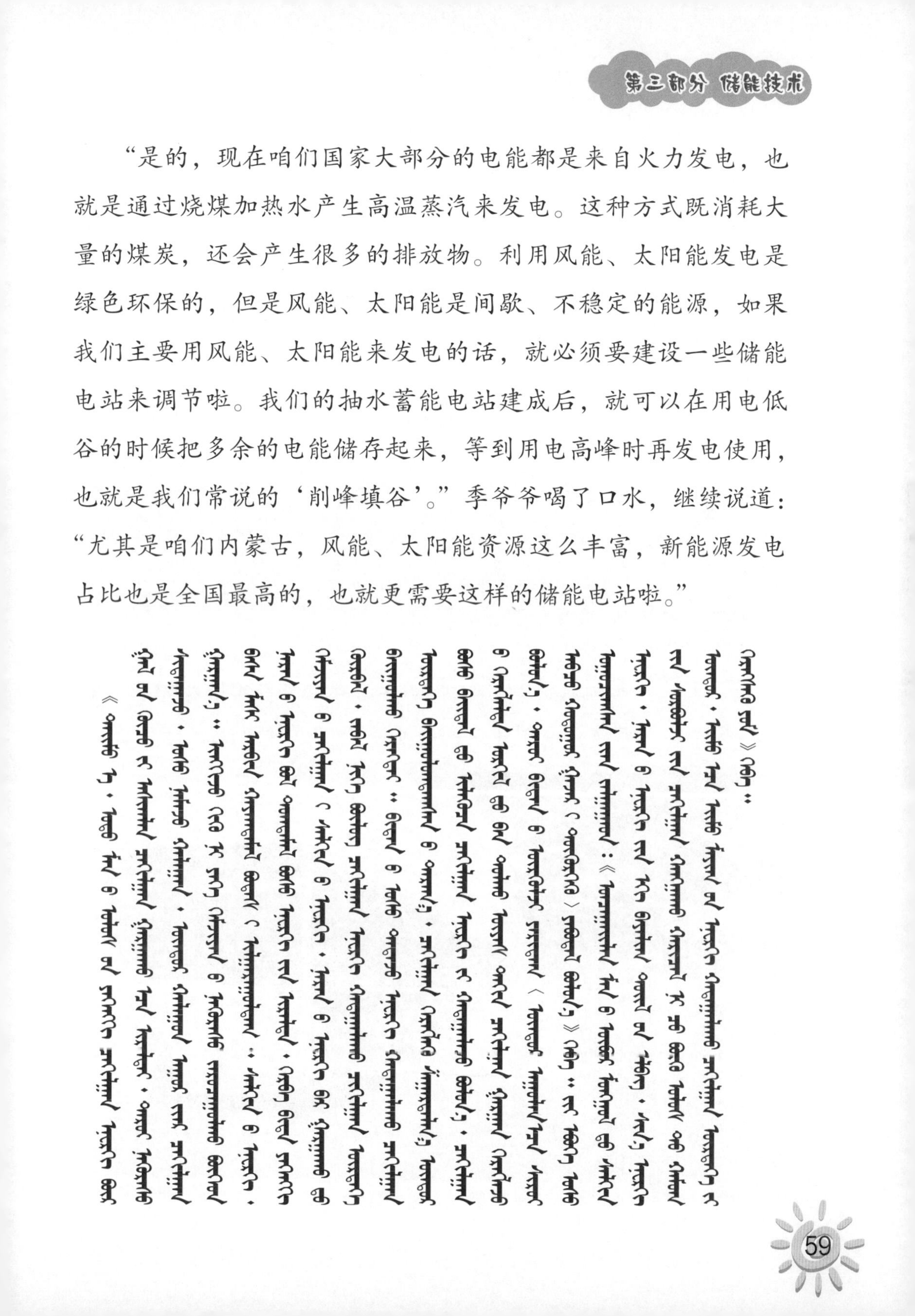

“是的，现在咱们国家大部分的电能都是来自火力发电，也就是通过烧煤加热水产生高温蒸汽来发电。这种方式既消耗大量的煤炭，还会产生很多的排放物。利用风能、太阳能发电是绿色环保的，但是风能、太阳能是间歇、不稳定的能源，如果我们主要用风能、太阳能来发电的话，就必须要建设一些储能电站来调节啦。我们的抽水蓄能电站建成后，就可以在用电低谷的时候把多余的电能储存起来，等到用电高峰时再发电使用，也就是我们常说的‘削峰填谷’。”季爷爷喝了口水，继续说道：“尤其是咱们内蒙古，风能、太阳能资源这么丰富，新能源发电占比也是全国最高的，也就更需要这样的储能电站啦。”

储能的明天

季爷爷停了停又继续说道：“储能有很多的好处，可是储能技术还存在很多难以解决的问题和需要继续提升的地方，小朋友们开动脑筋想一想，哪些功能还可以提升。”

“我知道，我知道！”宝音第一个举手喊道。

“我和小朋友们比赛玩具车，一会儿就跑没电了，要是有一种能一直有电的电池就好了，我就再也不用为没电发愁了”。

“妈妈的手机也是，不知不觉就没电了，充电的速度特别慢，要是能有一种使用时间长、充电快的电池就好了。”塔拉也附和着说道。

高娃：“新闻里说有的充电电池在高温或者其他特殊情况下会起火燃烧甚至爆炸，要是能有一种更安全可靠的电池就好了。”

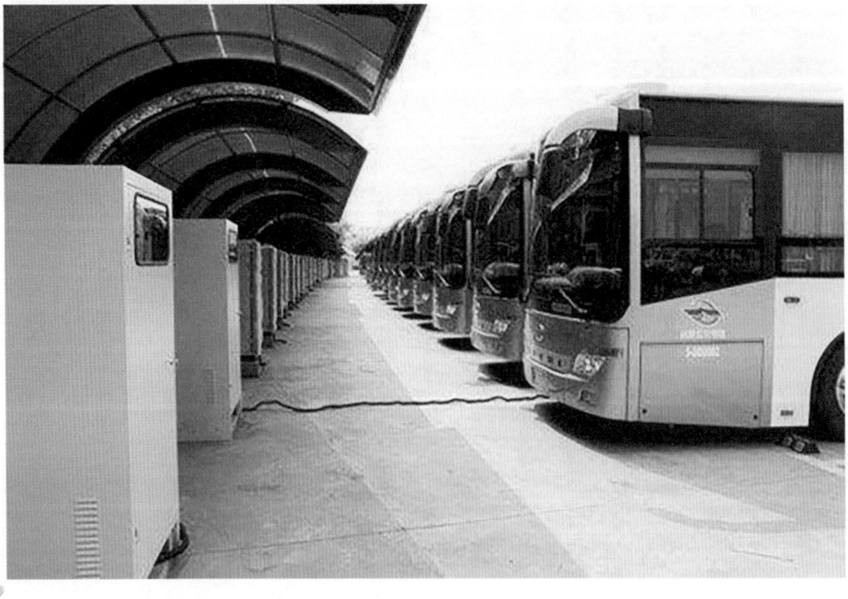

充电汽车站

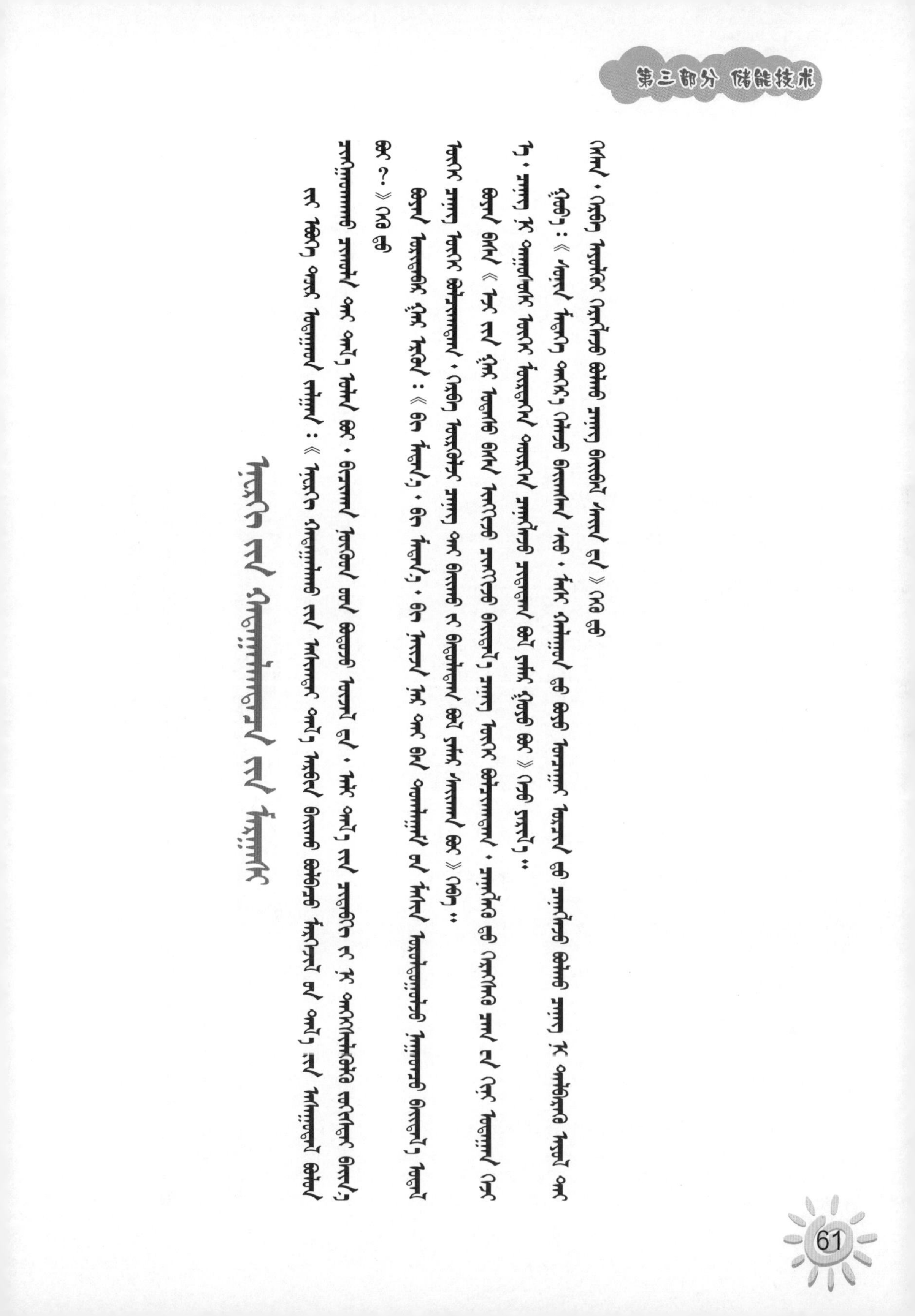

[illegible]

[illegible]

[illegible]

[illegible]

[illegible]

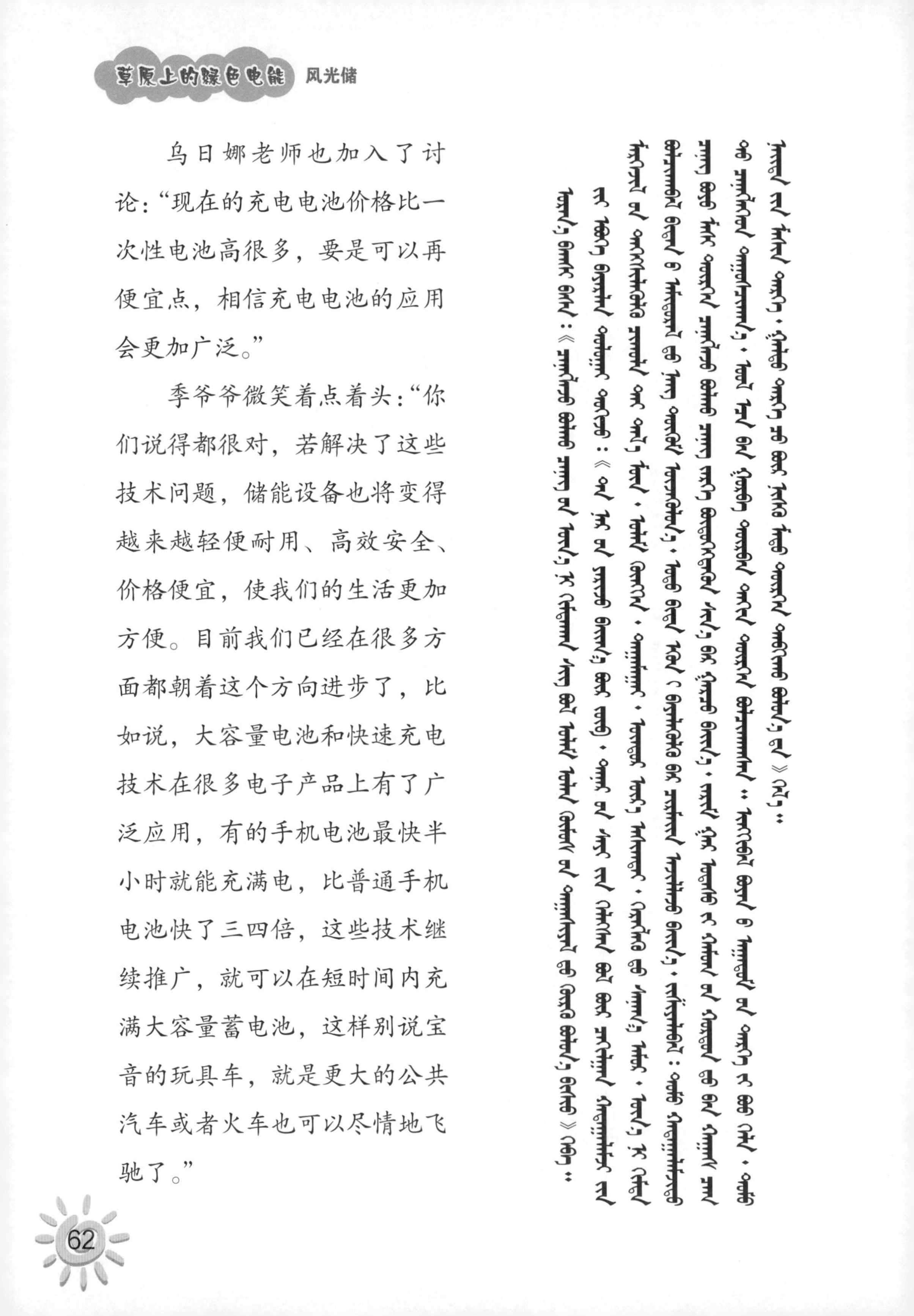

乌日娜老师也加入了讨论："现在的充电电池价格比一次性电池高很多，要是可以再便宜点，相信充电电池的应用会更加广泛。"

季爷爷微笑着点着头："你们说得都很对，若解决了这些技术问题，储能设备也将变得越来越轻便耐用、高效安全、价格便宜，使我们的生活更加方便。目前我们已经在很多方面都朝着这个方向进步了，比如说，大容量电池和快速充电技术在很多电子产品上有了广泛应用，有的手机电池最快半小时就能充满电，比普通手机电池快了三四倍，这些技术继续推广，就可以在短时间内充满大容量蓄电池，这样别说宝音的玩具车，就是更大的公共汽车或者火车也可以尽情地飞驰了。"

“除了这些，储能技术的突破也会给医疗领域带来福音呢，未来如果能将电池做得比口服胶囊还小，就可以将一个带摄像头的胶囊小机器人，吃到肚子里去检查病人到底是得了什么病，这些胶囊小机器人随身带着医疗工具和药品，说不定就可以直接治好病啦。”

“啊！这个好！我最怕打针了，闻到医院的药水味，腿就哆嗦……”塔拉高兴地喊道。

“有些心脏功能有障碍的病人需要在身体里安一个心脏起搏器，但是现在心脏起搏器里的纽扣电池只能用十年左右，如果没电了还需要做手术取出来更换，随着电池技术的发展，将来做一次手术就可以用一辈子，这不是没有可能的！”

大家一路憧憬着新技术给人类生活带来的便捷，不知不觉，汽车驶回了城市。

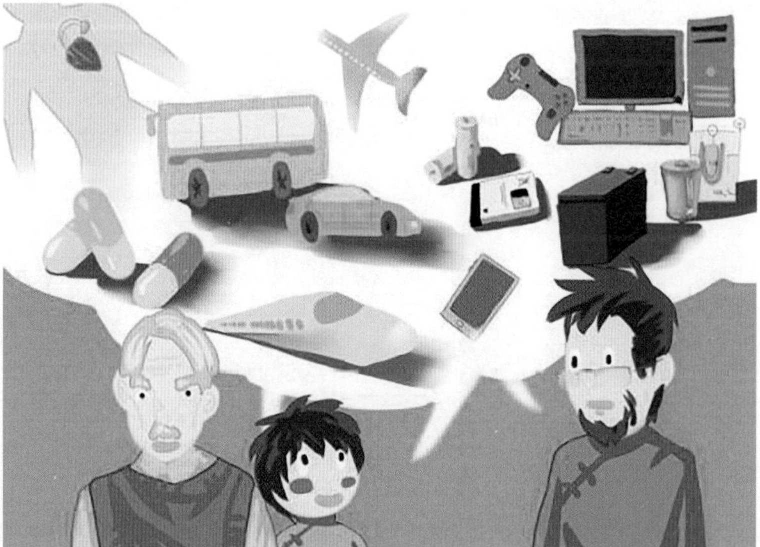

ᠪᠠ ᠬᠠᠮᠠᠭᠠᠯᠠᠭᠳᠠᠨ ᠪᠣᠯᠤᠨ᠎ᠠ ::

ᠬᠣᠶᠠᠷ ᠲᠠᠯ᠎ᠠ ᠲᠠᠨ ᠰᠠᠨ ᠰᠢᠨᠡ ᠡᠨᠧᠷᠭᠢ ᠶᠢᠨ ᠦᠢᠯᠡᠳᠪᠦᠷᠢ ᠪᠡᠷ ᠬᠦᠷᠦᠨ ᠣᠷᠤᠭᠤᠯᠤᠯᠲᠠ ᠶᠢ ᠨᠡᠮᠡᠭᠳᠡᠭᠦᠯᠦᠨ ᠬᠥᠲᠦᠯᠵᠦ ᠰᠠᠢᠵᠢᠷᠠᠭᠤᠯᠬᠤ ᠳᠤ ᠬᠦᠴᠦᠨ ᠣᠷᠤᠭᠤᠯᠵᠤ ᠰᠢᠨᠡ ᠶᠢ ᠠᠪᠴᠢᠷᠠᠨ᠎ᠠ «ᠭᠤᠷᠪᠠᠨ ᠬᠣᠭᠤᠯᠠᠢ ᠵᠢᠯ ᠤᠨ ᠬᠦᠰᠡᠯ» ᠢᠶᠡᠨ ::

ᠣᠳᠣᠬᠠᠨ ᠪᠣᠯᠤᠨ ᠣᠯᠠᠨ ᠣᠯᠤᠭᠰᠠᠨ · ᠬᠠᠷᠢᠨ ᠬᠥᠭᠵᠢᠯ ᠦᠨ ᠰᠢᠨᠵᠢ ᠴᠢᠨᠠᠷ ᠤᠯᠤᠰ ᠤᠨ ᠬᠣᠶᠠᠷ ᠵᠢᠯ ᠤᠨ ᠲᠥᠯᠥᠪᠯᠡᠭᠡ ᠪᠡᠷ ᠪᠠᠶᠢᠭᠤᠯᠬᠤ ᠪᠣᠯᠤᠨ᠎ᠠ :: ᠬᠡᠢ ᠰᠢᠨᠡᠳᠬᠡᠯ ᠪᠠᠶᠢᠭᠤᠯᠤᠯᠲᠠ ᠣᠯᠠᠨ ᠪᠠ ᠤᠯᠤᠰ ᠤᠨ ᠬᠥᠭᠵᠢᠯ ᠲᠡᠢ ᠪᠡᠷ ᠰᠠᠢᠵᠢᠷᠠᠭᠤᠯᠤᠨ · ᠤᠯᠤᠰ ᠤᠨ ᠬᠥᠭᠵᠢᠯ ᠦᠨ ᠰᠢᠨᠵᠢ ᠴᠢᠨᠠᠷ ᠪᠠ ᠬᠡᠯᠡ ᠶᠢᠨ ᠰᠢᠨᠡᠳᠬᠡᠯ ᠬᠥᠭᠵᠢᠯ ᠬᠠᠮᠲᠤᠷᠠᠨ · ᠤᠯᠤᠰ ᠤᠨ ᠪᠦᠲᠦᠭᠡᠯ

«ᠲᠠᠯ᠎ᠠ ᠨᠤᠲᠤᠭ ᠢᠶᠠᠷ ᠪᠠᠶᠠᠯᠢᠭ ᠤᠨ ᠪᠠᠢ ᠪᠠ ᠬᠡᠢ ᠨᠠᠷᠠᠨ ᠬᠥᠷᠥᠩᠭᠡ ᠵᠢᠨ ᠨ ᠢ ᠰᠢᠨᠡᠴᠢᠯᠡᠨ ᠥᠭᠡᠷᠡᠴᠢᠯᠡᠬᠦ ᠬᠥᠲᠦᠯ ᠬᠥᠭᠵᠢᠯ ᠦᠨ ᠬᠦᠴᠦᠨ · ᠰᠢᠨᠡ ᠬᠡᠯᠪᠡᠷᠢ ᠬᠦᠴᠦᠨ ᠲᠠᠢ ᠪᠦᠰᠡ ᠣᠯᠤᠨ ᠪᠦᠲᠦᠭᠡᠭᠰᠡᠨ ::

«ᠬᠡᠢ · ᠨᠠᠷᠠᠨ ᠭᠡᠷᠡᠯ · ᠪᠠ ᠬᠠᠳᠠᠭᠠᠯᠠᠯᠲᠠ ᠶᠢᠨ ᠵᠢᠭᠠᠬᠠᠨ ᠴᠠᠬᠢᠯᠭᠠᠨ ᠲᠠᠢ ᠪᠠᠶᠢᠭᠤᠯᠬᠤ · ᠡᠨᠡ ᠲᠠᠯ᠎ᠠ ᠨᠤᠲᠤᠭ ᠤᠨ ᠬᠡᠯᠡ ᠶᠢᠨ ᠬᠥᠭᠵᠢᠯ ᠪᠠᠷ ᠪᠣᠯᠤᠨ ᠬᠠᠮᠲᠤᠷᠠᠨ ᠬᠢᠬᠦ» ᠭᠡᠵᠦ ᠶᠢᠨ ᠰᠣᠨᠢᠨ ᠰᠠᠢᠬᠠᠨ ᠦᠭᠡ ᠪᠡᠷ ᠣᠯᠠᠨ ᠨᠢᠭᠡᠨ ᠪᠣᠯᠤᠨ᠎ᠠ ::»

ᠰᠢᠨᠡ ᠡᠨᠧᠷᠭᠢ ᠶᠢᠨ ᠦᠢᠯᠡᠳᠪᠦᠷᠢ ᠶᠢᠨ ᠬᠥᠭᠵᠢᠯ ᠦᠨ ᠪᠦᠷᠢᠳᠦᠯ ᠬᠡᠮᠵᠢᠶ᠎ᠡ ᠰᠢᠨᠡᠳᠬᠡᠯ ᠬᠠᠷᠢᠨ ᠬᠡᠯᠡ ᠶᠢᠨ ᠰᠢᠨᠵᠢ ᠴᠢᠨᠠᠷ ᠤᠨ ᠪᠦᠲᠦᠭᠡᠯ ᠢ ᠬᠥᠭᠵᠢᠭᠦᠯᠬᠦ ᠲᠠᠢ ᠬᠣᠯᠪᠣᠭᠠᠲᠠᠢ ᠰᠢᠨᠡᠳᠬᠡᠯ ᠲᠠᠢ ᠪᠣᠯᠤᠭᠰᠠᠨ · ᠣᠯᠠᠨ ᠲᠣᠭ᠎ᠠ ᠬᠡᠯᠡ ᠶᠢᠨ ᠬᠥᠭᠵᠢᠯ ᠦᠨ ᠪᠠᠶᠢᠳᠠᠯ ᠤᠨ ᠰᠢᠨᠡ ᠬᠥᠭᠵᠢᠯ ᠢ ᠪᠠᠶᠢᠭᠤᠯᠤᠨ · ᠴᠢᠮᠡᠭ ᠪᠠᠶᠢᠳᠠᠯ ᠬᠥᠭᠵᠢᠭᠦᠯᠬᠦ

«ᠬᠥᠪᠢ ᠲᠠᠨ ᠰᠢᠯᠭᠠᠨ · ᠰᠢᠨᠡᠴᠢᠯᠡᠨ ᠪᠦᠲᠦᠭᠡᠬᠦ ᠲᠠᠢ ᠬᠥᠭᠵᠢᠯ ᠳᠤ ᠰᠢᠨᠡᠳᠬᠡᠯ ᠢ ᠬᠥᠭᠵᠢᠭᠦᠯᠬᠦ ᠶᠢᠨ ᠪᠠᠶᠢᠳᠠᠯ ᠳᠤ ᠪᠠ ᠤᠯᠠᠮ ᠰᠢᠨᠡᠴᠢᠯᠡᠯ ᠣᠯᠠᠨ ᠬᠣᠶᠠᠷ ᠪᠠᠢ · ᠰᠢᠨᠵᠢᠯᠡᠯ ᠤᠯᠤᠰ ᠤᠨ